配电线路带电作业
标准化作业指导

第二版

国网河南省电力公司配电带电作业实训基地　组　编
陈德俊　郭海云　主　编
孟　昊　刘夏清　贾京山　副主编

中国电力出版社
CHINA ELECTRIC POWER PRESS

内 容 提 要

本书依据国家电网公司人力资源部下发的《国家电网公司带电作业资质培训考核标准》中有关配电带电作业和电缆不停电作业取（复）证培训内容及考核要求，并结合国网河南省电力公司技能培训中心配电带电作业和电缆不停电作业资质培训的成功经验，在国网河南省电力公司配电带电作业实训基地组编的《配电线路带电作业标准化作业指导》（中国电力出版社，2012 年版）的基础上修编而成。

本次修编主要体现在以下几个特点：

（1）为突出作业项目指导的针对性和实用性，本书中的 10kV 架空配电线路带电作业项目（包括 10kV 电缆线路不停电作业项目），统一按"作业项目介绍、作业前的准备阶段、现场作业阶段和作业后的终结阶段"四个部分进行现场标准化作业指导。

（2）指导的作业项目统一按作业方式划分为：绝缘杆作业法作业项目、绝缘手套作业法作业项目和综合不停电作业法作业项目。

全书共 5 章，主要内容包括现场标准化作业流程概述、涉及采用绝缘杆作业法、绝缘手套作业法以及综合不停电作业法的 10kV 架空配电线路带电作业项目的现场标准化作业指导，以及 10kV 电缆线路不停电作业项目的现场标准化作业指导。

本书可作为配电线路带电作业人员或电缆线路不停电作业人员培训用书，也可供从事配电线路带电作业或电缆线路不停电作业的相关人员学习参考。

图书在版编目（CIP）数据

配电线路带电作业标准化作业指导 / 国网河南省电力公司配电带电作业培训基地组编. — 2 版. — 北京：中国电力出版社，2016.4 (2021.3 重印)

ISBN 978-7-5123-8639-6

Ⅰ. ①配… Ⅱ. ①国… Ⅲ. ①配电线路—带电作业—标准化 Ⅳ. ①TM726-65

中国版本图书馆 CIP 数据核字(2016)第 055313 号

中国电力出版社出版、发行

（北京市东城区北京站西街 19 号　100005　http://www.cepp.sgcc.com.cn）

北京雁林吉兆印刷有限公司印刷

各地新华书店经售

*

2012 年 6 月第一版

2016 年 4 月第二版　　2021 年 3 月北京第四次印刷

710 毫米×980 毫米　16 开本　10.75 印张　181 千字

印数 6001—6500 册　　定价 45.00 元

前　言

配电网检修作业方式，从"以停电作业为主、带电作业为辅"向包括"带电作业、旁路作业和临时供电作业"在内的"不停电作业"方式转变，历经了十几年的发展与变化。应该说，从以 10kV 架空线路带电作业为主的"配网带电作业"，发展到包括 10kV 电缆线路不停电作业在内的"配网不停电作业"，作业项目涵盖 10kV 架空配电线路作业项目和 10kV 电缆线路不停电作业项目，并将"不停电作业"作为未来带电作业技术发展的方向和中国配电网主流的检修作业方式，符合当今信息化社会和经济建设以及智能化配电网发展的需要。

开展 10kV 配网不停电作业，必须加强现场作业关键环节、关键点安全风险管控，必须保证作业人员及设备的安全，必须把人身安全保障放在首要位置，尊重人的生命，保证不发生人身伤亡事故，坚守生命安全是不可逾越的红线，这是保证作业安全的前提和基础。实践证明，规范和落实现场标准化作业是促进作业安全的重要保证。现场作业必须严格执行现场标准化作业书（卡），确保作业质量和人员安全，实现对作业项目全过程、全方位、全员的控制与管理，达到安全、规范、高效的标准化作业目的。为此，本书依据国家电网公司人力资源部下发的《国家电网公司带电作业资质培训考核标准》中有关配电带电作业和电缆不停电作业取（复）证培训内容及考核要求，结合国网河南省电力公司技能培训中心配电带电作业和电缆不停电作业资质培训的成功经验，在国网河南省电力公司配电带电作业实训基地组编的《配电线路带电作业标准化作业指导》（中国电力出版社，2012 年版）的基础上修编而成。

本次修编主要体现在以下几个特点：

（1）为突出作业项目指导的针对性和实用性，本书中的 10kV 架空配电线路带电作业项目（包括 10kV 电缆线路不停电作业项目），统一按"作业项目介绍、作业前的准备阶段、现场作业阶段和作业后的终结阶段"四个部分进行现场标准化作业指导。

（2）指导的作业项目统一按作业方式划分为：绝缘杆作业法作业项目、绝缘手套作业法作业项目和综合不停电作业法作业项目。

全书共 5 章，主要内容包括现场标准化作业流程概述，涉及采用绝缘杆作业法、绝缘手套作业法以及综合不停电作业法的 10kV 架空配电线路带电作业项目的现场标准化作业指导，以及 10kV 电缆线路不停电作业项目的现场标准化作业指导。

本书由国网河南省电力公司配电带电作业实训基地组织编写，由国网河南省电力公司技能培训中心陈德俊、郭海云担任主编，国网河南省电力公司技能培训中心孟昊、国网湖南省电力公司带电作业中心刘夏清、临汾电力高级技工学校贾京山担任副主编，国网河南省电力公司郝建国担任主审。参与编写的人员有：国网河南省电力公司郭剑黎，国网河南省电力公司技能培训中心马鹏飞、赵玉谦、付红艳、于小龙、黄文涛、李亚飞、王茜、马琳、岳婷、张灵娟、杨明坤、尹季显，国网湖南省电力公司带电作业中心胡弘莽、李江、汪志刚、周惟、蒋礼、吴力柯、邓旭、周毅、唐力，临汾电力高级技工学校阎胜利、汪宁、王冠丁，国网河南省电力公司熊卿府、王宏茹、杨军选、高自力、于立平、张宏琦、周伟民、王云龙、郭君、郝涛、张洋、马宁、郭建洛、任亚平、张志峰、杨玉明、高鑫、刘卫东、林德山、刘沛旭、张明克、崔文军、王胜勇、杨晓卫，国网河南省电力公司管理培训中心李启英，国网浙江省电力公司杨晓翔，国网湖南省电力公司牛捷。由陈德俊负责统稿和定稿。

本书的编写得到了国网河南省电力公司技能培训中心、国网河南省电力公司运维检修部、国网湖南省电力公司带电作业中心、临汾电力高级技工学校的大力协助，在此一并表示衷心的感谢。

由于编者水平有限，书中难免存在不足之处，恳请读者批评指正。

编　者

2015 年 10 月

第一版前言

　　为了建设坚强智能电网，进一步降低设备停运率、提高供电可靠性、保障电网安全运行，国家电网公司提出要大力开展和推进配电线路带电作业的发展。开展带电作业，必须保证作业人员及设备的安全，必须把保障人身安全放在首要位置，这是开展带电作业的前提和基础。在配电线路带电作业中，虽然采用了绝缘斗臂车、绝缘遮蔽用具和个人绝缘防护用具，使作业的安全性得到了提高。但由于其是采用绝缘遮蔽工具和利用空气间隙来隔离人体的作业，出现动作失误或工具故障可能直接造成人身事故，真正的安全是要建立正确的安全思想意识、行为意识和严谨的规章制度管理，而不能机械地依赖某些工具去保证作业的安全。推动和发展带电作业一个重要的问题就是安全问题，规范和落实带电作业标准化工作是促进带电作业安全开展的重要保证。为此，本书依据《国家电网公司生产技能人员职业能力培训规范　第 8 部分　配电线路带电作业》所规定的培训内容、Q/GDW 520—2010《10kV 架空配电线路带电作业管理规范》中所规定的操作项目以及〔2009〕190 号《关于印发〈国家电网公司深入开展现场标准化作业工作指导意见〉的通知》中的要求，并结合河南省电力公司配电线路带电作业人员培训和生产实际情况编写而成。

　　本书以 10kV 配电线路带电作业为主，以注重实际应用为主，突出了培训内容的针对性和实用性，实现了实际操作技能训练与标准化作业相结合以及职工一专多能综合技术素质的提高与拔高。全书共分两个部分共六章，主要内容包括配电线路带电作业方法及标准化作业指导和 Q/GDW 520—2010 中规定的 33 个配电带电作业项目的现场标准化作业指导书。

　　本书由河南省电力公司配电带电作业培训基地组织编写。其中：第一章配电线路带电作业方法，由河南电力技师学院陈德俊、孟昊、郭海云，浙江省电力公司杨晓翔，江苏省电力公司何晓亮编写；第二章配电线路带电作业标准化作业概述，由河南电力技师学院陈德俊、孟昊、郭海云、东蔚、孙国旗、陈静，浙江省电力公司杨晓翔，湖南省电力公司牛捷编写；第三章临近带电体作业和简单绝缘杆作业法项目（第一类），由河南电力技师学院陈德俊、孟昊、郭海云、张晓卿、于小龙，郑州供电公司杨玉明、王云龙、王培丹、张洋、芦喜林、黄浩军编写；第四章简单绝缘手套作业法项目（第二类），由河南电力技师学院陈德俊、孟昊、马鹏飞、黄文涛，洛阳供电公司王荣辉、任亚平、刘沛旭，南阳供电公司杨峰，信阳供电公司林德山、陈荣群、张升学，漯河供电公司王飞，新乡供电公司郭君，平顶山供电公司刘卫东、吕杰，濮阳供电公司樊林，焦作供电公司刘纪根，商丘供电公司黄鑫编写；第五章复杂绝缘杆作业法和复杂绝缘手套作业法项目（第三类），由河南电力技师学院孟昊、陈德俊、赵玉谦，南阳供电公司杨峰，湖南省电力公司牛捷，长沙电力职业技术学院黄立新、温智慧，益阳电业局李朝恩，长沙电业局周惟、饶刚、李江、吴立柯、夏增明编写；第六章综合不停电作业项目（第四类），由河南电力技师学院孟昊、陈德俊，郑州供电公司杨玉明，郑州电力设计院有限公司黄璞，浙江省电力公司杨晓翔编写。全书由河南电力技师学院陈德俊、孟昊担任主编，河南电力技师学院郭海云、湖南省电力公司牛捷、浙江省电力公司杨晓翔担任副主编，湖南省电力公司刘夏清、河南省电力公司宋伟担任主审，平顶山供电公司赵志疆、长沙电业局张奇志、陈川参审。全书由陈德俊、孟昊负责统稿和定稿。

  本书的编写得到了国家电网公司河南配电带电作业实训基地、河南电力技师学院输配电技术部、郑州供电公司带电班、洛阳供电公司带电班、南阳供电公司带电班、信阳供电公司带电班、漯河供电公司带电班、平顶山供电公司带电班、湖南省电力公司带电作业管理中心、国家电网公司湖南输配电带电作业实训基地和湖州配电带电作业实训基地的大力协助，在此一并向其表示衷心的感谢。

  由于编者水平有限，书中难免存在不足之处，恳请读者批评指正。

编　者

2012 年 3 月

目　录

第 1 章

概　　　述

标准化作业作为一种现代化安全生产管理的科学实用方法,包含了按照相关的技术"标准"、"安全"作业规程、科学的作业"流程"来实施标准化作业。推广现场标准化作业工作,应以加强现场作业关键环节、关键点的安全风险管控为主,切实落实"五知晓、五到位"原则(工作内容知晓、工作范围知晓、安全措施知晓、工作步骤知晓、危险点控制知晓,现场摸底到位、安全措施到位、事故预想到位、工作监护到位、人员落实到位),确保作业质量和人员安全;以"工作票(操作票)""安全交底会(班前会、站班会、班后会)""作业指导书(卡)"等为依据来指导其作业全过程,做到作业有程序、安全有措施、质量有标准、考核有依据,确保现场作业安全、规范、有序地开展,包括作业前的准备阶段、现场作业阶段和作业后的终结阶段。

1.1　作业前的准备阶段

1. 填报带电作业任务申请单

由运行单位填报带电作业任务申请单。

2. 下达工作任务通知单后组织相关人员现场勘察

带电作业工作票签发人或工作负责人应组织有经验的人员到现场勘察,履行带电作业现场勘察制度,是属于保证带电作业安全的组织措施之一。

按照《国家电网公司电力安全工作规程(配电部分)(试行)》(以下简称《配电安规》)的规定:

9.1.6　带电作业项目,应勘察配电线路是否符合带电作业条件、同杆(塔)架设线路及其方位和电气间距、作业现场条件和环境及其他影响作业的危险点,并根据勘察结果确定带电作业方法、所需工具以及应采取的措施。

3. 编制"现场标准化作业指导书（卡）和危险点预控措施卡"并履行相关审批手续

现场标准化作业指导书（卡）和危险点预控措施卡，是对作业全过程控制指导的约束性文件，明确具体操作方法、步骤、危险点预控措施、标准和人员责任等，是依据工作流程组合成的执行文件。

4. 填写、签发工作票以及办理停用重合闸计划

（1）填写、签发工作票并履行工作票制度，是属于保证带电作业安全的组织措施之一。

工作票的填写与使用应严格执行《配电安规》的规定：

1）工作票由工作负责人按票面要求逐项填写，也可由工作票签发人填写。一张工作票中，工作票签发人、工作许可人不得兼任工作负责人。

2）带电作业工作票签发人和工作负责人、专责监护人应由具有带电作业资格、带电作业实践经验的人员担任。

3）用计算机生成或打印的工作票应使用统一的票面格式。

4）工作票应由工作票签发人审核，手工或电子签发后方可执行。

5）工作票一份交工作负责人，一份留存工作票签发人或工作许可人。

6）工作票应提前交给工作负责人。

7）工作票的有效时间以批准检修期为限，已结束的工作票应保存一年。

8）填用《配电带电作业工作票》的工作：

a. 高压配电线路带电作业（目前以 10kV 电压等级配电线路为主）；

b. 与邻近带电高压线路或设备的距离大于表 3-2（0.4m）、小于表 3-1 规定的不停电作业。

（2）办理停用重合闸，属于保证带电作业安全的技术措施之一。

按照《配电安规》的规定：

9.2.5 带电作业有下列情况之一者，应停用重合闸，并不得强送电：

1）中性点有效接地的系统中有可能引起单相接地的作业。

2）中性点非有效接地的系统中有可能引起相间短路的作业。

3）工作票签发人或工作负责人认为需要停用重合闸的作业。

禁止约时停用或恢复重合闸。

5. 召开班前会，学习作业指导书，明确作业方法、危险点分析及安全控制措施、人员组织与任务分工、责任等

开好班前会（包括站班会和班后会），是落实和贯彻现场标准化作业工作的关键环节。其中，在人员组织与任务分工时，应充分考虑作业班组成员技术熟练程度和工作经验，规避新项目用新人、复杂科目用经验欠缺人员，做到知人善任。《配电安规》规定：

9.1.2 参加带电作业的人员，应经专门培训，考试合格取得资格、单位批准后，方可参加相应的作业。带电作业工作票签发人和工作负责人、专责监护人应由具有带电作业资格和实践经验的人员担任。

全体作业人员应按要求着装，工作负责人或专责监护人应有明显标示或标志。

6. 工器具检查和储运

带电作业工具及带电作业车辆状况直接关系到作业人员的安全，务必应严格管理。带电作业工具必须在合格的带电作业工具专用库房内长期存放，库房标准按 DL/T 974《带电作业用工具库房》执行。

领用绝缘工具、安全用具及辅助器具，应核对工器具的使用电压等级和试验周期，并检查外观完好无损，做好工器具出入库信息记录。

工器具在运输过程中，应存放在专用工具袋、工具箱或工具车内，以防受潮和损伤。

1.2 现场作业阶段

工作负责人依据本项目《配电带电作业工作票》和《现场标准化作业指导书（卡）》中的要求及操作步骤，组织和实施现场标准化作业工作。

1. 现场复勘

工作负责人组织作业人员进行作业前现场复勘，是履行工作许可的先决条件。如现场核对线路名称和杆号，确认线路、设备状态，检查现场作业环境，满足带电作业条件等，并向工作负责人汇报："报告工作负责人，本次任务经过现场复勘，具备作业条件、天气满足带电作业要求、风力不超过 5 级、湿度不大于 80%，可以进行带电作业"。

2. 履行工作许可手续和停用重合闸工作许可

履行工作许可（制度）、停用重合闸，以及工作终结和恢复重合闸（制度），是保证带电作业安全的重要组织、技术措施。

工作负责人按工作票内容与值班调控人员联系（用标准化语言）获得工作许可，停用重合闸后确认线路重合闸装置已退出，工作负责人在工作票上签字并记录许可时间。

按照《配电安规》的相关规定：

9.1.4 工作负责人在带电作业开始前，应与值班调控人员或运维人员联系。需要停用重合闸的作业和带电断、接引线工作应由值班调控人员履行许可手续。带电作业结束后，工作负责人应及时向值班调控人员或运维人员汇报。

汇报内容为："报告调度，我是×××× 班工作负责人×××，现办理×××× × ×作业工作票许可，编号×××××××××，申请作业时间××××年× ×月××日××时××分至××××年××月××日××时××分，已完成工作准备，天气满足带电作业要求，安全措施完备，具备作业条件，本次工作地点在××××线路××杆，要求（停用或不停用）××××线路重合闸，请批准。请告知批准时间，请告知批准人"。

3. 布置工作现场，装设遮栏（围栏）和警告标志（标识牌）

工作负责人组织班组成员布置工作现场，装设遮栏（围栏）和警告标志（标识牌），是属于保证带电作业安全的技术措施之一。

安全围栏和出入口的设置应合理和规范，其范围应不小于高空落物、绝缘斗臂车作业范围；警告标志应齐全和明显，应设置在出入口和道路处，如"在此工作、从此进出、施工现场以及车辆慢行或车辆绕行"等标识牌。

4. 召开现场站班会、宣读工作票并履行确认手续

开好现场安全交底会（站班会），是落实和贯彻现场标准化作业工作的重要关键环节之一。

工作负责人召集工作人员召开现场站班会，依据本作业项目《配电带电作业工作票》和《现场标准化作业指导书（卡）》，对工作班成员进行危险点告知，交待工作任务，交待安全措施和技术措施，检查工作班成员精神状态良好，作业人员合适，确认每一个工作班成员都已知晓后，履行确认手续并在工作票上签名。

5. 现场检查工器具，空斗试操作斗臂车，做好作业前的准备工作

工器具现场检查，是属于保证带电作业安全的技术措施之一。

带电作业用工器具使用前，应按类别分区摆放在防潮垫（毯）上，并使用干燥毛巾逐件对绝缘工器具进行擦拭并进行外观检查，如是否有在其试验周期内的试验"合格"标签、有无损伤、变形等，对绝缘工具应使用绝缘检测仪进行分段绝缘检测，绝缘电阻值不低于700MΩ等。

按照《配电安规》的规定：

9.8.3　带电作业工器具试验应符合DL/T 976《带电作业工具、装置和设备预防性试验规程》的要求。

9.8.4　带电作业遮蔽和防护用具试验应符合GB/T 18857《配电线路带作业技术导则》的要求。

9.7.1　绝缘斗臂车应根据 DL/T 854《带电作业用绝缘斗臂车的保养维护及在使用中的试验》定期检查。

9.7.7　绝缘斗臂车的金属部分在仰起、回转运动中，与带电体间的安全距离不得小于 0.9m（10kV）或 1.0m（20kV）。工作中车体应使用不小于 16mm^2 的软铜线良好接地。

9.7.6　绝缘斗臂车使用前应在预定位置空斗试操作一次，确认液压传动、回转升降、伸缩系统工作正常、操作灵活，制动装置可靠。

6. 斗内作业人员进入绝缘斗，准备开始现场作业

斗内作业人员穿戴好绝缘防护用具，经工作负责人检查合格后，进入绝缘斗并将安全带保险钩系挂在斗内专用挂钩上，准备开始现场作业。

（1）带电作业人员正确使用个人绝缘防护用具，是属于保证带电作业安全的重要技术措施之一。

按照《配电安规》的规定：

9.2.6　带电作业，应穿戴绝缘防护用具（绝缘服或绝缘披肩、绝缘袖套、绝缘手套、绝缘鞋、绝缘安全帽等）。带电断、接引线作业应戴护目镜，使用的安全带应有良好的绝缘性能。带电作业过程中，禁止摘下绝缘防护用具。

（2）带电作业人员按规定正确验电，是属于保证带电作业安全的技术措施之一。

按照 GB/T 18857—2008《配电线路带电作业技术导则》的规定：

9.12 在接近带电体的过程中，要从下方依次验电，对人体可能触及范围内的低压线亦应验电，确认无漏电现象。验电器应满足 DL/T 740《电容型验电器》的技术要求。

9.13 验电时人应处于与带电导体保持安全距离的位置。在低压带电导线或漏电的金属紧固件未采取绝缘遮蔽或隔离措施时，作业人员不得穿越或碰触。验电前应对验电器进行自检，并在带电体上检验。验电人员必须戴绝缘手套。

7. 进入带电作业区域，开始现场作业工作

获得工作负责人许可后，斗内作业人员操作绝缘斗臂车进入带电作业区域，开始现场作业工作，并履行工作监护制度。其中，作业中的关键环节、关键点安全风险管控如下：

（1）工作负责人或专责监护人履行工作监护制度，是属于保证带电作业安全的重要组织措施之一。

工作负责人（或专责监护人）必须在工作现场行使监护职责，对作业人员的作业步骤进行监护，及时纠正不安全动作，有效实施作业中的危险点、程序、质量和行为规范控制等。

按照《配电安规》的规定：

9.1.3 带电作业应有人监护。监护人不得直接操作，监护的范围不得超过一个作业点。复杂或高杆塔作业，必要时应增设专责监护人。

（2）为了保证带电作业人员和设备的安全，带电作业人员除正确穿戴个人绝缘防护用具外，作业中保持足够的安全距离和设置有效的绝缘遮蔽（隔离）措施，也是保证带电作业安全的重要技术措施之一。

1）配电带电作业应强调：由主绝缘工具、辅助绝缘用具以及人体对非接触的带电体、接地体保持的空气间隙（安全距离）组成"多层后备防护"的安全作业理念。

2）进入作业区域的人员，必须与带电体（或接地体）要保持规定的安全距离，严格控制和保证可能导致对人体直接放电的那段空气间隙要足够大，不得小于《配电安规》规定的数值，如斗内电工应保持对地不小于 0.4m、对邻相导线不小于 0.6m 的安全距离，如不能确保该安全距离时，应采用绝缘遮蔽（隔离）措施等。

3）为了营造一个安全的作业环境，进入作业区域的人员，必须对作业范围内的带电体、接地体设置有效的绝缘遮蔽（隔离）措施。

a．遮蔽隔离的原则："从近到远、从下到上、从带电体到接地体"，拆除时顺序相反；

b．遮蔽考虑的问题：何处需要遮蔽（位置），为何要遮蔽（目的），如何遮蔽（方法）；

c．遮蔽动作的要求：动作应轻缓且规范，控制动作幅度，动作之间无缝衔接；

d．遮蔽效果的要求：绝缘遮蔽应严密且牢固，用具之间的搭接部分应有大于 15cm 的重合；

e．遮蔽注意的事项：保持规定的安全距离，严禁人体串入电路，严禁人体同时接触两个不同的电位体；绝缘斗内双人作业时，禁止同时在不同相或不同电位作业。

（3）工作任务完成，拆除绝缘遮蔽（隔离）措施。

拆除绝缘遮蔽（隔离）用具时，动作同样应轻缓且规范，并保持规定的安全距离，按照"从远到近、从上到下、先接地体后带电体"的原则依次拆除。检查无遗留物后，转移绝缘斗退出带电作业工作区域，返回地面。

需要强调的是：开展配电线路带电作业工作，必须以强化作业人员规范化训练和现场作业安全风险管控为主。其中，如何保证足够的安全距离和安全有效的设置绝缘遮蔽（隔离）措施是重中之重。在实际工作中，应强化"三练工作法"和"十二口诀工作法"。

1）"三练工作法"：遮蔽方法程序化训练，徒手操作灵巧性训练，工具使用熟练性训练；

2）"十二口诀工作法"：工位选择要适当，安全距离有保障，动作轻缓且规范，遮蔽严密且牢固，多余动作克服掉，恢复遮蔽不能忘，结合之处有重合，有效遮蔽落实处，防范意识需保持，作业安全有保证，现场作业要规范，人身安全勿放松。

1.3 作业后的终结阶段

1. 清理工具及现场

工作负责人组织工作人员清理工具及现场，做到工完料尽场地清。

2. 召开收工会

工作负责人对完成的工作进行全面检查，符合验收规范要求后，记录在册并召开现场收工班后会进行工作点评，宣布工作结束。

3. 工作终结和恢复重合闸

工作负责人向值班调控人员汇报工作已结束，停用重合闸需申请恢复线路重合闸，办理工作终结[已终结的工作票、作业指导书（卡）应保存一年]，工作班撤离现场。

汇报内容为："报告调度，我是××××班工作负责人×××，现办理×××××作业工作票终结许可，编号××××××××××，申请作业时间××××年××月××日××时××分至××××年××月××日××时××分，现已完成全部工作任务，线路上作业人员已撤离，杆上无遗留物，工艺质量符合验收要求，请批准终结工作票。请告知批准时间，请告知批准人"。

应当注意的是：在配电线路带电作业中，虽然采用了绝缘斗臂车、绝缘遮蔽用具、个人绝缘防护用具，使作业的安全性得到了提高。但由于作业过程是采用绝缘遮蔽用具和利用空气间隙来隔离人体的作业，出现动作失误或工具故障可能直接造成人身事故，真正的安全是要建立正确的安全思想意识、行为意识和严谨的制度管理，而规范和落实现场标准化作业是促进带电作业安全开展的重要保证。

开展配网不停电作业，包括配网架空线路带电作业和电缆线路不停电作业，必须以降低配电网设备计划停运率、持续提升供电可靠性和优质服务水平为目标，不断拓展作业项目，最大限度地减少停电时户数，实现从"能停不带"到"能带不停"的转变，加强区域合作与协作，促使市县一体化不停电作业，助推"作业方法组合化，遮蔽用具硬质化、承载工具多元化"，持续拓展配网不停电作业新项目，推动不停电作业工作向"更安全、更高效、更简单"方向发展，为电力用户提供最优质的供电服务。

第2章

绝缘杆作业法项目

2.1 普通消缺及装拆附件

本作业项目： 绝缘杆作业法（采用登杆作业）普通消缺及装拆附件，包括修剪树枝、清除异物、扶正绝缘子、拆除退役设备、加装或拆除接触设备套管、故障指示器、驱鸟器等。工作人员共计4名，包括工作负责人（兼工作监护人）1名、杆上电工（登杆作业）2名、地面电工1名。

注：本作业步骤适用于采用登杆作业普通消缺及装拆附件，也可与绝缘斗臂车配合作业，其中杆上电工（登杆作业）1名，斗内电工（绝缘斗臂车作业）1名。

2.1.1 作业前的准备阶段

序号	内容	要　　求	√
1	现场勘察	确定工作范围、作业方式，明确线路名称、杆号和工作任务，确定是否停用重合闸	
2	编制作业指导书（卡）和危险点预控措施卡	明确执行有标准，操作有流程，安全有措施，现场作业关键环节、关键点风险管控分析到位、预控措施落实到位	
3	办理工作票	履行工作票制度，规范填写和签发《配电带电作业工作票》	
4	召开班前会	学习作业指导书，明确作业方法、作业标准、安全措施、人员组织和任务分工	
5	工具、材料准备	检查与清点工具、材料齐全，外观完好无损，预防性试验合格，分类装箱办理出入库手续	

2.1.2 现场作业阶段

序号	内容	要　　求	√
1	现场复勘	工作负责人组织作业人员进行作业前现场复勘，现场核对线路名称和杆号，检查电杆根部、基础和拉线牢固，检查作业装置、现场环境符合作业条件	

序号	内容	要　　求	√
2	履行工作许可手续	工作负责人按《配电带电作业工作票》内容与值班调控人员联系履行许可手续，在工作票上签字并记录许可时间	
3	布置工作现场，装设遮栏（围栏）和警告标志	工作负责人组织班组成员布置工作现场，安全围栏和出入口的设置应合理和规范，警告标志应齐全和明显，悬挂"在此工作、从此进出、施工现场以及车辆慢行或车辆绕行"标识牌	
4	召开现场站班会，宣读工作票并履行确认手续	工作负责人召集工作人员召开现场站班会，对工作班成员进行危险点告知，交待工作任务，交待安全措施和技术措施，检查工作班成员精神状态良好，作业人员合适，确认每一个工作班成员都已知晓后，履行确认手续在工作票上签名	
5	现场检查工器具，做好作业前的准备工作	工作负责人组织班组成员按照任务分工布置工作现场，整理工具、材料，对安全用具、绝缘工具进行现场检查，做好作业前的准备工作。其中，对绝缘工具应使用绝缘检测仪进行分段绝缘检测，绝缘电阻值不低于 $700M\Omega$	
6	登杆，按规定正确验电，开始现场作业工作	（1）获得工作负责人许可后，杆上电工（登杆作业）穿戴好绝缘防护用具，携带绝缘传递绳登杆至合适位置，按规定使用验电器按照导线—绝缘子—横担的顺序进行验电，确认无漏电现象，在保证安全距离的前提下挂好绝缘传递绳，开始现场作业工作	
		（2）工作负责人（或专责监护人）必须在工作现场行使监护职责，有效实施作业中的危险点、程序、质量和行为规范控制等	
		（3）绝缘操作杆的有效绝缘长度应不小于 0.7m	
		（4）杆上电工应保持对带电体 0.4m 以上的有效安全距离；如不能确保该安全距离时，应采用绝缘遮蔽（隔离）措施，遮蔽用具之间的搭接部分不得小于 150mm，遮蔽动作应轻缓和规范；如需穿越低压线，应保持有效安全距离或采用绝缘遮蔽（隔离）	
		（5）作业时严禁人体同时接触两个不同的电位体	
7	项目 1：修剪树枝	（1）获得工作负责人许可后，杆上电工（登杆作业）用绝缘操作杆按照"从近到远、从下到上、先带电体后接地体"的遮蔽原则对作业范围内不能满足安全距离的带电体和接地体进行绝缘遮蔽（隔离）	

序号	内容	要　　求	√
7	项目1：修剪树枝	（2）杆上电工使用修剪刀修剪多余的树枝，树枝高出导线的，应用绝缘绳固定需修剪的树枝，或使之倒向远离线路的方向	
		（3）地面电工配合将修剪的树枝放至地面	
		（4）工作完成，杆上电工在地面电工的配合下，按照"从远到近、从上到下、先接地体后带电体"的原则拆除绝缘遮蔽（隔离），检查杆上无遗留物后，返回地面	
8	项目2：清除异物	（1）获得工作负责人许可后，杆上电工（登杆作业）用绝缘操作杆按照"从近到远、从下到上、先带电体后接地体"的遮蔽原则对作业范围内不能满足安全距离的带电体和接地体进行绝缘遮蔽（隔离）	
		（2）杆上电工清除异物时，需站在上风侧，需采取措施防止异物落下伤人等	
		（3）地面电工配合将异物放至地面	
		（4）工作完成，杆上电工在地面电工的配合下，按照"从远到近、从上到下、先接地体后带电体"的原则拆除绝缘遮蔽（隔离），检查杆上无遗留物后，返回地面	
9	项目3：扶正绝缘子	（1）获得工作负责人许可后，杆上电工（登杆作业）用绝缘操作杆按照"从近到远、从下到上、先带电体后接地体"的遮蔽原则对作业范围内不能满足安全距离的带电体和接地体进行绝缘遮蔽（隔离）	
		（2）杆上电工使用绝缘套筒操作杆紧固绝缘子螺母	
		（3）工作完成，杆上电工在地面电工的配合下，按照"从远到近、从上到下、先接地体后带电体"的原则拆除绝缘遮蔽（隔离），检查杆上无遗留物后，返回地面	
10	项目4：拆除退役设备	（1）获得工作负责人许可后，杆上电工（登杆作业）用绝缘操作杆按照"从近到远、从下到上、先带电体后接地体"的遮蔽原则对作业范围内不能满足安全距离的带电体和接地体进行绝缘遮蔽（隔离）	
		（2）杆上电工拆除退役设备时，需采取措施防止退役设备落下伤人等	
		（3）地面电工配合将退役设备放至地面	
		（4）工作完成，杆上电工在地面电工的配合下，按照"从远到近、从上到下、先接地体后带电体"的原则拆除绝缘遮蔽（隔离），检查杆上无遗留物后，返回地面	

序号	内容	要 求	√
11	项目5：加装接触设备套管	（1）获得工作负责人许可后，杆上电工（登杆作业）用绝缘操作杆按照"从近到远、从下到上、先带电体后接地体"的遮蔽原则对作业范围内不能满足安全距离的带电体和接地体进行绝缘遮蔽（隔离）	
		（2）杆上电工相互配合使用绝缘操作杆将绝缘套管安装工具安装到近边相导线上，方法是：1号电工使用绝缘夹钳将绝缘套管安装到绝缘套管安装工具的导入槽上；2号电工使用另一把绝缘夹钳推动绝缘套管到相应导线上，绝缘套管之间应紧密连接，使用绝缘夹钳将绝缘套管开口向下	
		（3）其余两相安装绝缘套管按相同方法依次进行	
		（4）绝缘套管安装完毕后，地面电工配合将绝缘套管安装工具放至地面	
		（5）工作完成，杆上电工在地面电工的配合下，按照"从远到近、从上到下、先接地体后带电体"的原则拆除绝缘遮蔽（隔离），检查杆上无遗留物后，返回地面	
12	项目6：拆除接触设备套管	（1）获得工作负责人许可后，杆上电工（登杆作业）用绝缘操作杆按照"从近到远、从下到上、先带电体后接地体"的遮蔽原则对作业范围内不能满足安全距离的带电体和接地体进行绝缘遮蔽（隔离）	
		（2）杆上电工相互配合使用绝缘操作杆将绝缘套管安装工具安装到中相导线上，方法是：1号电工使用绝缘夹钳将绝缘套管开口向上，拉到绝缘套管安装工具的导入槽上；2号电工使用另一把绝缘夹钳拽动绝缘套管到绝缘套管安装工具的导入槽上，使绝缘套管顺绝缘套管安装工具的导入槽导出	
		（3）其余两相拆除绝缘套管按相同方法依次进行	
		（4）绝缘套管拆除完毕后，地面电工配合将绝缘套管安装工具放至地面	
		（5）工作完成，杆上电工在地面电工的配合下，按照"从远到近、从上到下、先接地体后带电体"的原则拆除绝缘遮蔽（隔离），检查杆上无遗留物后，返回地面	
13	项目7：加装故障指示器	（1）获得工作负责人许可后，杆上电工（登杆作业）用绝缘操作杆按照"从近到远、从下到上、先带电体后接地体"的遮蔽原则对作业范围内不能满足安全距离的带电体和接地体进行绝缘遮蔽（隔离）	

序号	内容	要　　求	√
13	项目 7：加装故障指示器	（2）杆上电工使用故障指示器安装工具对导线加装故障指示器，方法是：垂直于近边相导线向上推动安装工具将故障指示器安装到相应的导线上	
		（3）其余两相加装故障指示器按相同方法依次进行	
		（4）故障指示器安装完毕后，地面电工配合将故障指示器安装工具放至地面	
		（5）工作完成，杆上电工在地面电工的配合下，按照"从远到近、从上到下、先接地体后带电体"的原则拆除绝缘遮蔽（隔离），检查杆上无遗留物后，返回地面	
14	项目 8：拆除故障指示器	（1）获得工作负责人许可后，杆上电工（登杆作业）用绝缘操作杆按照"从近到远、从下到上、先带电体后接地体"的遮蔽原则对作业范围内不能满足安全距离的带电体和接地体进行绝缘遮蔽（隔离）	
		（2）杆上电工使用故障指示器安装工具拆除导线故障指示器，方法是：垂直于导线向上推动安装工具，将其锁定到故障指示器上，并确认锁定牢固；垂直向下拉动安装工具将故障指示器脱离相应的导线	
		（3）其余两相拆除故障指示器按相同方法依次进行	
		（4）故障指示器拆除完毕后，地面电工配合将故障指示器安装工具放至地面	
		（5）工作完成，杆上电工在地面电工的配合下，按照"从远到近、从上到下、先接地体后带电体"的原则拆除绝缘遮蔽（隔离），检查杆上无遗留物后，返回地面	
15	项目 9：加装驱鸟器	（1）获得工作负责人许可后，杆上电工（登杆作业）用绝缘操作杆按照"从近到远、从下到上、先带电体后接地体"的遮蔽原则对作业范围内不能满足安全距离的带电体和接地体进行绝缘遮蔽（隔离）	
		（2）加装驱鸟器时，杆上电工先用驱鸟器安装工具将驱鸟器锁定到横担的预定位置上，再使用绝缘套筒操作杆旋紧驱鸟器的两个固定螺栓	
		（3）按相同方法完成其余驱鸟器的安装工作	
		（4）驱鸟器加装完毕后，地面电工配合将驱鸟器安装工具放至地面	
		（5）工作完成，杆上电工在地面电工的配合下，按照"从远到近、从上到下、先接地体后带电体"的原则拆除绝缘遮蔽（隔离），检查杆上无遗留物后，返回地面	

序号	内容	要　　求	√
16	项目 10：拆除驱鸟器	（1）获得工作负责人许可后，杆上电工（登杆作业）用绝缘操作杆按照"从近到远、从下到上、先带电体后接地体"的遮蔽原则对作业范围内不能满足安全距离的带电体和接地体进行绝缘遮蔽（隔离）	
		（2）拆除驱鸟器时，杆上电工先使用绝缘套筒操作杆旋松驱鸟器上的两个固定螺栓，再使用驱鸟器的安装工具锁定待拆除的驱鸟器后拆除驱鸟器	
		（3）按相同方法完成其余驱鸟器的拆除工作	
		（4）驱鸟器拆除完毕后，地面电工配合将驱鸟器安装工具放至地面	
		（5）工作完成，杆上电工在地面电工的配合下，按照"从远到近、从上到下、先接地体后带电体"的原则拆除绝缘遮蔽（隔离），检查杆上无遗留物后，返回地面	

2.1.3　作业后的终结阶段

序号	内容	要　　求	√
1	清理工具及现场	清点与整理工具、材料，清理现场做到工完料尽场地清	
2	召开现场收工会	工作总结与点评，宣布工作结束	
3	工作终结	工作负责人向值班调控人员联系工作结束，办理工作终结	
4	作业人员撤离现场	本项工作结束	

2.2　带电更换避雷器

本作业项目：绝缘杆作业法（采用登杆作业）带电更换避雷器，工作人员共计 4 名，包括工作负责人（兼工作监护人）1 名、杆上电工（登杆作业）2 名、地面电工 1 名。

注：本作业步骤适用于避雷器与导线间装有接线器的作业。

2.2.1 作业前的准备阶段

序号	内容	要　　求	√
1	现场勘察	确定工作范围、作业方式，明确线路名称、杆号和工作任务，确定是否停用重合闸	
2	编制作业指导书（卡）和危险点预控措施卡	明确执行有标准，操作有流程，安全有措施，现场作业关键环节、关键点风险管控分析到位、预控措施落实到位	
3	办理工作票	履行工作票制度，规范填写和签发《配电带电作业工作票》	
4	召开班前会	学习作业指导书，明确作业方法、作业标准、安全措施、人员组织和任务分工	
5	工具、材料准备	检查与清点工具、材料齐全，外观完好无损，预防性试验合格，分类装箱办理出入库手续	

2.2.2 现场作业阶段

序号	内容	要　　求	√
1	现场复勘	工作负责人组织作业人员进行作业前现场复勘，现场核对线路名称和杆号，检查电杆根部、基础和拉线牢固，确认避雷器接地装置完整可靠，避雷器应无明显损坏现象，检查作业装置、现场环境符合带电作业条件	
2	履行工作许可手续	工作负责人按《配电带电作业工作票》内容与值班调控人员联系履行许可手续，在工作票上签字并记录许可时间	
3	布置工作现场，装设遮栏（围栏）和警告标志	工作负责人组织班组成员布置工作现场，安全围栏和出入口的设置应合理和规范，警告标志应齐全和明显，悬挂"在此工作、从此进出、施工现场以及车辆慢行或车辆绕行"标识牌	
4	召开现场站班会，宣读工作票并履行确认手续	工作负责人召集工作人员召开现场站班会，对工作班成员进行危险点告知，交待工作任务，交待安全措施和技术措施，检查工作班成员精神状态良好，作业人员合适，确认每一个工作班成员都已知晓后，履行确认手续在工作票上签名	
5	现场检查工器具，做好作业前的准备工作	工作负责人组织班组成员按照任务分工布置工作现场，整理工具、材料，对安全用具、绝缘工具进行现场检查，做好作业前的准备工作。其中，对绝缘工具应使用绝缘检测仪进行分段绝缘检测，绝缘电阻值不低于 700MΩ。新装避雷器需查验试验合格报告确认合格，并使用绝缘检测仪确认绝缘性能完好	

序号	内容	要 求	√
6	登杆，按规定正确验电，开始现场作业工作	（1）获得工作负责人许可后，杆上电工（登杆作业）穿戴好绝缘防护用具，携带绝缘传递绳登杆至避雷器横担下合适位置，按规定使用验电器按照导线—绝缘子—横担的顺序进行验电，确认无漏电现象，在保证安全距离的前提下挂好绝缘传递绳，开始现场作业工作	
		（2）工作负责人（或专责监护人）必须在工作现场行使监护职责，有效实施作业中的危险点、程序、质量和行为规范控制等	
		（3）绝缘操作杆的有效绝缘长度应不小于 0.7m	
		（4）杆上电工应保持对带电体 0.4m 以上的有效安全距离；如不能确保该安全距离时，应采用绝缘遮蔽（隔离）措施，遮蔽用具之间的搭接部分不得小于 150mm，遮蔽动作应轻缓和规范；如需穿越低压线，应保持有效安全距离或采用绝缘遮蔽（隔离）	
		（5）作业时，严禁人体同时接触两个不同的电位体，且要注意避雷器引线与横担及邻相引线的安全距离	
7	设置绝缘遮蔽（隔离）措施	获得工作负责人许可后，杆上电工在地面电工的配合下，用绝缘操作杆按照"从近到远、从下到上、先带电体后接地体"的遮蔽原则对作业范围内不能满足安全距离的带电体和接地体进行绝缘遮蔽（隔离）	
8	拆除近边相（内侧）避雷器	获得工作负责人许可后，杆上电工用绝缘操作杆将近边相避雷器与导线间的接线器拆除，使其避雷器退出运行	
9	拆除其余两相（中间相和远边相）避雷器并退出运行	获得工作负责人许可后，杆上电工用绝缘操作杆按照拆除近边相避雷器相同的方法依次拆除中间相、远边相避雷器，退出运行。 注：三相避雷器与导线间的接线器的拆除顺序，可由近（内侧）至远（外侧），也可根据现场情况先两边相、后中间相的顺序，逐相进行	
10	更换三相避雷器	获得工作负责人许可后，杆上电工依次更换三相避雷器	

序号	内容	要 求	√
11	接入中间相新装避雷器投入运行	获得工作负责人许可后，杆上电工使用绝缘操作杆将中间相避雷器接线器连接至导线上，避雷器投入运行	
12	接入其余两相（远边相和近边相）新装避雷器投入运行	获得工作负责人许可后，用绝缘操作杆按照中间相新装避雷器相同的方法依次接入远边相和近边相避雷器。 注：三相避雷器接线器的连接顺序，可先中间相、后两边相，也可根据现场情况按照先远（外侧）、后近（内侧）的顺序，逐相进行	
13	工作完成，拆除绝缘遮蔽（隔离）措施	获得工作负责人许可后，杆上电工在地面电工的配合下，用绝缘操作杆按照"从远到近、从上到下、先接地体后带电体"的原则拆除绝缘遮蔽（隔离），检查杆上无遗留物后，返回地面	

2.2.3　作业后的终结阶段

序号	内容	要 求	√
1	清理工具及现场	清点与整理工具、材料，清理现场做到工完料尽场地清	
2	召开现场收工会	工作总结与点评，宣布工作结束	
3	工作终结	工作负责人向值班调控人员联系工作结束，办理工作终结	
4	作业人员撤离现场	本项工作结束	

2.3　带电断引流线—熔断器上引线

本作业项目：绝缘杆作业法（采用登杆作业）带电断引流线—熔断器上引线，工作人员共计 4 名，包括工作负责人（兼工作监护人）1 名、杆上电工（登杆作业）2 名、地面电工 1 名。

注：本作业步骤适用于采用并沟线夹连接的作业。

2.3.1 作业前的准备阶段

序号	内容	要　　求	√
1	现场勘察	确定工作范围、作业方式，明确线路名称、杆号和工作任务，确定是否停用重合闸	
2	编制作业指导书（卡）和危险点预控措施卡	明确执行有标准，操作有流程，安全有措施，现场作业关键环节、关键点风险管控分析到位、预控措施落实到位	
3	办理工作票	履行工作票制度，规范填写和签发《配电带电作业工作票》	
4	召开班前会	学习作业指导书，明确作业方法、作业标准、安全措施、人员组织和任务分工	
5	工具、材料准备	检查与清点工具、材料齐全，外观完好无损，预防性试验合格，分类装箱办理出入库手续	

2.3.2 现场作业阶段

序号	内容	要　　求	√
1	现场复勘	工作负责人组织作业人员进行作业前现场复勘，现场核对线路名称和杆号，检查电杆根部、基础和拉线牢固，检查确认负荷侧变压器、电压互感器确已退出，熔断器确已断开，熔管已取下，待断引流线确已空载，检查作业装置和现场环境符合带电作业条件	
2	履行工作许可手续	工作负责人按《配电带电作业工作票》内容与值班调控人员联系履行许可手续，在工作票上签字并记录许可时间	
3	布置工作现场，装设遮栏（围栏）和警告标志	工作负责人组织班组成员布置工作现场，安全围栏和出入口的设置应合理和规范，警告标志应齐全和明显，悬挂"在此工作、从此进出、施工现场以及车辆慢行或车辆绕行"标识牌	
4	召开现场站班会，宣读工作票并履行确认手续	工作负责人召集工作人员召开现场站班会，对工作班成员进行危险点告知，交待工作任务，交待安全措施和技术措施，检查工作班成员精神状态良好，作业人员合适，确认每一个工作班成员都已知晓后，履行确认手续在工作票上签名	
5	现场检查工器具，做好作业前的准备工作	工作负责人组织班组成员按照任务分工布置工作现场，整理工具、材料，对安全用具、绝缘工具进行现场检查，做好作业前的准备工作。其中，对绝缘工具应使用绝缘检测仪进行分段绝缘检测，绝缘电阻值不低于 700MΩ	

序号	内容	要　　求	√
6	登杆，按规定正确验电，开始现场作业工作	（1）获得工作负责人许可后，杆上电工（登杆作业）穿戴好绝缘防护用具，携带绝缘传递绳登杆至合适位置，按规定使用验电器按照导线—绝缘子—横担的顺序进行验电，确认无漏电现象，在保证安全距离的前提下挂好绝缘传递绳，开始现场作业工作	
		（2）工作负责人（或专责监护人）必须在工作现场行使监护职责，有效实施作业中的危险点、程序、质量和行为规范控制等	
		（3）绝缘操作杆的有效绝缘长度应不小于 0.7m	
		（4）杆上电工应保持对带电体 0.4m 以上的有效安全距离；如不能确保该安全距离时，应采用绝缘遮蔽（隔离）措施，遮蔽用具之间的搭接部分不得小于 150mm，遮蔽动作应轻缓和规范；如需穿越低压线，应保持有效安全距离或采用绝缘遮蔽（隔离）	
		（5）作业时严禁人体同时接触两个不同的电位体	
7	设置绝缘遮蔽（隔离）措施	获得工作负责人许可后，杆上电工在地面电工的配合下，用绝缘操作杆按照"从近到远、从下到上、先带电体后接地体"的遮蔽原则对作业范围内不能满足安全距离的带电体和接地体进行绝缘遮蔽（隔离）	
8	拆除近边相熔断器上引线	（1）杆上电工使用绝缘锁杆将待断开的上引线夹紧，并用线夹安装工具夹紧并沟线夹	
		（2）杆上电工使用绝缘套筒扳手拧松并沟线夹	
		（3）杆上电工使用线夹安装工具使线夹脱离主导线	
		（4）杆上电工使用绝缘锁杆将上引线缓缓放下，用绝缘断线剪从熔断器上接线柱处剪断	
9	拆除其余两相熔断器上引线	按拆除近边相引线相同的方法，拆除远边相引线后再拆除中间相引线。 注：如熔断器上引线与主导线采用其他类型线夹固定或由于安装方式和锈蚀等原因，不易拆除，可直接在主导线搭接位置处剪断，并做好防止其摆动的措施	
10	工作完成，拆除绝缘遮蔽（隔离）措施	获得工作负责人许可后，杆上电工在地面电工的配合下，用绝缘操作杆按照"从远到近、从上到下、先接地体后带电体"的原则拆除绝缘遮蔽（隔离），检查杆上无遗留物后，返回地面	

2.3.3 作业后的终结阶段

序号	内容	要 求	√
1	清理工具及现场	清点与整理工具、材料，清理现场做到工完料尽场地清	
2	召开现场收工会	工作总结与点评，宣布工作结束	
3	工作终结	工作负责人向值班调控人员联系工作结束，办理工作终结	
4	作业人员撤离现场	本项工作结束	

2.4 带电接引流线—熔断器上引线

本作业项目：绝缘杆作业法（采用登杆作业）带电接引流线—熔断器上引线，工作人员共计 4 名，包括工作负责人（兼工作监护人）1 名、杆上电工（登杆作业）2 名、地面电工 1 名。

注：本作业步骤适用于采用并沟线夹连接的作业。

2.4.1 作业前的准备阶段

序号	内容	要 求	√
1	现场勘察	确定工作范围、作业方式，明确线路名称、杆号和工作任务，确定是否停用重合闸	
2	编制作业指导书（卡）和危险点预控措施卡	明确执行有标准，操作有流程，安全有措施，现场作业关键环节、关键点风险管控分析到位、预控措施落实到位	
3	办理工作票	履行工作票制度，规范填写和签发《配电带电作业工作票》	
4	召开班前会	学习作业指导书，明确作业方法、作业标准、安全措施、人员组织和任务分工	
5	工具、材料准备	检查与清点工具、材料齐全，外观完好无损，预防性试验合格，分类装箱办理出入库手续	

2.4.2 现场作业阶段

序号	内容	要　　　求	√
1	现场复勘	工作负责人组织作业人员进行作业前现场复勘，现场核对线路名称和杆号，检查电杆根部、基础和拉线牢固，检查确认负荷侧变压器、电压互感器确已退出，熔断器确已断开，熔管已取下，待接引流线确已空载，检查作业装置和现场环境符合带电作业条件	
2	履行工作许可手续	工作负责人按《配电带电作业工作票》内容与值班调控人员联系履行许可手续，在工作票上签字并记录许可时间	
3	布置工作现场，装设遮栏（围栏）和警告标志	工作负责人组织班组成员布置工作现场，安全围栏和出入口的设置应合理和规范，警告标志应齐全和明显，悬挂"在此工作、从此进出、施工现场以及车辆慢行或车辆绕行"标识牌	
4	召开现场站班会，宣读工作票并履行确认手续	工作负责人召集工作人员召开现场站班会，对工作班成员进行危险点告知，交待工作任务，交待安全措施和技术措施，检查工作班成员精神状态良好，作业人员合适，确认每一个工作班成员都已知晓后，履行确认手续在工作票上签名	
5	现场检查工器具，做好作业前的准备工作	工作负责人组织班组成员按照任务分工布置工作现场，整理工具、材料，对安全用具、绝缘工具进行现场检查，做好作业前的准备工作。其中，对绝缘工具应使用绝缘检测仪进行分段绝缘检测，绝缘电阻值不低于700MΩ	
6	登杆，按规定正确验电，开始现场作业工作	（1）获得工作负责人许可后，杆上电工（登杆作业）穿戴好绝缘防护用具，携带绝缘传递绳登杆至合适位置，按规定使用验电器按照导线—绝缘子—横担的顺序进行验电，确认无漏电现象，在保证安全距离的前提下挂好绝缘传递绳，开始现场作业工作	
		（2）工作负责人（或专责监护人）必须在工作现场行使监护职责，有效实施作业中的危险点、程序、质量和行为规范控制等	
		（3）绝缘操作杆的有效绝缘长度应不小于0.7m	
		（4）杆上电工应保持对带电体0.4m以上的有效安全距离；如不能确保该安全距离时，应采用绝缘遮蔽（隔离）措施，遮蔽用具之间的搭接部分不得小于150mm，遮蔽动作应轻缓和规范；如需穿越低压线，应保持有效安全距离或采用绝缘遮蔽（隔离）	
		（5）作业时严禁人体同时接触两个不同的电位体	

序号	内容	要　　求	√
7	设置绝缘遮蔽（隔离）措施	获得工作负责人许可后，杆上电工在地面电工的配合下，用绝缘操作杆按照"从近到远、从下到上、先带电体后接地体"的遮蔽原则对作业范围内不能满足安全距离的带电体和接地体进行绝缘遮蔽（隔离）	
8	连接远边相熔断器上引线	（1）获得工作负责人许可后，杆上电工检查三相熔断器安装应符合验收规范要求	
		（2）杆上电工使用绝缘测杆测量三相上引线长度，地面电工做好上引线	
		（3）杆上电工将三根上引线一端安装在跌落式熔断器上接线柱，并妥善固定	
		（4）杆上电工用绝缘锁杆锁住上引线另一端后提升上引线，将其固定在主导线上	
		（5）杆上电工使用线夹安装工具将线夹套入引线和主导线连接处	
		（6）杆上电工使用绝缘杆套筒扳手将线夹螺丝拧紧，让引线与导线连接可靠牢固，然后撤除绝缘锁杆	
9	连接其余两相熔断器上引线	按照连接远边相引线相同的方法，连接中间相和近边相引线。 　　注：三相跌落式熔断器引线连接也可按先中间、后两侧的顺序进行	
10	工作完成，拆除绝缘遮蔽（隔离）措施	杆上电工在地面电工的配合下，用绝缘操作杆按照"从远到近、从上到下、先接地体后带电体"的原则拆除绝缘遮蔽（隔离），检查杆上无遗留物后，返回地面	

2.4.3　作业后的终结阶段

序号	内容	要　　求	√
1	清理工具及现场	清点与整理工具、材料，清理现场做到工完料尽场地清	
2	召开现场收工会	工作总结与点评，宣布工作结束	
3	工作终结	工作负责人向值班调控人员联系工作结束，办理工作终结	
4	作业人员撤离现场	本项工作结束	

2.5 带电断引流线—分支线路引线

本作业项目：绝缘杆作业法（采用登杆作业）带电断引流线—分支线路引线，工作人员共计4名，包括工作负责人（兼工作监护人）1名、杆上电工（登杆作业）2名、地面电工1名。

注：本作业步骤适用于采用剪断分支线路与主导线线夹处引线的作业。

2.5.1 作业前的准备阶段

序号	内容	要　　求	√
1	现场勘察	确定工作范围、作业方式，明确线路名称、杆号和工作任务，确定是否停用重合闸	
2	编制作业指导书（卡）和危险点预控措施卡	明确执行有标准，操作有流程，安全有措施，现场作业关键环节、关键点风险管控分析到位、预控措施落实到位	
3	办理工作票	履行工作票制度，规范填写和签发《配电带电作业工作票》	
4	召开班前会	学习作业指导书，明确作业方法、作业标准、安全措施、人员组织和任务分工	
5	工具、材料准备	检查与清点工具、材料齐全，外观完好无损，预防性试验合格，分类装箱办理出入库手续	

2.5.2 现场作业阶段

序号	内容	要　　求	√
1	现场复勘	工作负责人组织作业人员进行作业前现场复勘，现场核对线路名称和杆号，检查电杆根部、基础和拉线牢固，检查确认分支线路负荷侧变压器、电压互感器确已退出，待断引流线确已空载，检查作业装置和现场环境符合带电作业条件	
2	履行工作许可手续	工作负责人按《配电带电作业工作票》内容与值班调控人员联系履行许可手续，在工作票上签字并记录许可时间	
3	布置工作现场，装设遮栏（围栏）和警告标志	工作负责人组织班组成员布置工作现场，安全围栏和出入口的设置应合理和规范，警告标志应齐全和明显，悬挂"在此工作、从此进出、施工现场以及车辆慢行或车辆绕行"标识牌	

序号	内容	要　　求	√
4	召开现场站班会，宣读工作票并履行确认手续	工作负责人召集工作人员召开现场站班会，对工作班成员进行危险点告知，交待工作任务，交待安全措施和技术措施，检查工作班成员精神状态良好，作业人员合适，确认每一个工作班成员都已知晓后，履行确认手续在工作票上签名	
5	现场检查工器具，做好作业前的准备工作	工作负责人组织班组成员按照任务分工布置工作现场，整理工具、材料，对安全用具、绝缘工具进行现场检查，做好作业前的准备工作。其中，对绝缘工具应使用绝缘检测仪进行分段绝缘检测，绝缘电阻值不低于 700MΩ	
6	登杆，按规定正确验电，开始现场作业工作	（1）获得工作负责人许可后，杆上电工（登杆作业）穿戴好绝缘防护用具，携带绝缘传递绳登杆至合适位置，按规定使用验电器按照导线—绝缘子—横担的顺序进行验电，确认无漏电现象，在保证安全距离的前提下挂好绝缘传递绳，开始现场作业工作	
		（2）工作负责人（或专责监护人）必须在工作现场行使监护职责，有效实施作业中的危险点、程序、质量和行为规范控制等	
		（3）绝缘操作杆的有效绝缘长度应不小于 0.7m	
		（4）杆上电工应保持对带电体 0.4m 以上的有效安全距离；如不能确保该安全距离时，应采用绝缘遮蔽（隔离）措施，遮蔽用具之间的搭接部分不得小于 150mm，遮蔽动作应轻缓和规范；如需穿越低压线，应保持有效安全距离或采用绝缘遮蔽（隔离）	
		（5）作业时严禁人体同时接触两个不同的电位体	
7	设置绝缘遮蔽（隔离）措施	获得工作负责人许可后，杆上电工在地面电工的配合下，用绝缘操作杆按照"从近到远、从下到上、先带电体后接地体"的遮蔽原则对作业范围内不能满足安全距离的带电体和接地体进行绝缘遮蔽（隔离）	
8	断开近边相分支线路引线	（1）获得工作负责人许可后，杆上电工使用绝缘锁杆将分支线路引线固定	
		（2）杆上电工使用绝缘杆断线剪将分支线路引线与导线的连接处剪断	
		（3）杆上电工使用绝缘锁杆将分支线路引线平稳地移离带电导线	
		（4）杆上电工使用绝缘杆断线剪将耐张线夹处引线剪断并取下	

序号	内容	要　　求	√
9	断开其余两相分支线路引线	获得工作负责人许可后，杆上电工配合按照与近边相相同的方法断开中间相和远边相分支线路引线。 　　注：三相支接线路引线连接可按先远（外侧）后近（内侧）的顺序进行，或根据现场情况先中间、后两侧的顺序进行	
10	工作完成，拆除绝缘遮蔽（隔离）措施	获得工作负责人许可后，杆上电工在地面电工的配合下，用绝缘操作杆按照"从远到近、从上到下、先接地体后带电体"的原则拆除绝缘遮蔽（隔离），检查杆上无遗留物后，返回地面	

2.5.3　作业后的终结阶段

序号	内容	要　　求	√
1	清理工具及现场	清点与整理工具、材料，清理现场做到工完料尽场地清	
2	召开现场收工会	工作总结与点评，宣布工作结束	
3	工作终结	工作负责人向值班调控人员联系工作结束，办理工作终结	
4	作业人员撤离现场	本项工作结束	

2.6　带电接引流线—分支线路引线

　　本作业项目：绝缘杆作业法（采用登杆作业）带电接引流线—分支线路引线，工作人员共计4名，包括工作负责人（兼工作监护人）1名、杆上电工（登杆作业）2名、地面电工1名。

　　注：本作业步骤适用于分支线路引线和导线为裸导线，采用并沟线夹或带电装卸线夹（猴头线夹）连接的作业。

2.6.1　作业前的准备阶段

序号	内容	要　　求	√
1	现场勘察	确定工作范围、作业方式，明确线路名称、杆号和工作任务，确定是否停用重合闸	

序号	内容	要　　求	√
2	编制作业指导书（卡）和危险点预控措施卡	明确执行有标准，操作有流程，安全有措施，现场作业关键环节、关键点风险管控分析到位、预控措施落实到位	
3	办理工作票	履行工作票制度，规范填写和签发《配电带电作业工作票》	
4	召开班前会	学习作业指导书，明确作业方法、作业标准、安全措施、人员组织和任务分工	
5	工具、材料准备	检查与清点工具、材料齐全，外观完好无损，预防性试验合格，分类装箱办理出入库手续	

2.6.2　现场作业阶段

序号	内容	要　　求	√
1	现场复勘	工作负责人组织作业人员进行作业前现场复勘，现场核对线路名称和杆号，检查电杆根部、基础和拉线牢固，检查确认分支线路负荷侧变压器、电压互感器确已退出；检查确认无接地、线路无人工作、相位无误、绝缘良好符合送电条件，检查作业装置和现场环境符合带电作业条件	
2	履行工作许可手续	工作负责人按《配电带电作业工作票》内容与值班调控人员联系履行许可手续，在工作票上签字并记录许可时间	
3	布置工作现场，装设遮栏（围栏）和警告标志	工作负责人组织班组成员布置工作现场，安全围栏和出入口的设置应合理和规范，警告标志应齐全和明显，悬挂"在此工作、从此进出、施工现场以及车辆慢行或车辆绕行"标识牌	
4	召开现场站班会，宣读工作票并履行确认手续	工作负责人召集工作人员召开现场站班会，对工作班成员进行危险点告知，交待工作任务，交待安全措施和技术措施，检查工作班成员精神状态良好，作业人员合适，确认每一个工作班成员都已知晓后，履行确认手续在工作票上签名	
5	现场检查工器具，做好作业前的准备工作	工作负责人组织班组成员按照任务分工布置工作现场，整理工具、材料，对安全用具、绝缘工具进行现场检查，做好作业前的准备工作。其中，对绝缘工具应使用绝缘检测仪进行分段绝缘检测，绝缘电阻值不低于 $700M\Omega$	

序号	内容	要　　求	√
6	登杆，按规定正确验电，开始现场作业工作	（1）获得工作负责人许可后，杆上电工（登杆作业）穿戴好绝缘防护用具，携带绝缘传递绳登杆至合适位置，按规定使用验电器按照导线—绝缘子—横担的顺序进行验电，确认无漏电现象，在保证安全距离的前提下挂好绝缘传递绳，开始现场作业工作	
		（2）工作负责人（或专责监护人）必须在工作现场行使监护职责，有效实施作业中的危险点、程序、质量和行为规范控制等	
		（3）绝缘操作杆的有效绝缘长度应不小于 0.7m	
		（4）杆上电工应保持对带电体 0.4m 以上的有效安全距离；如不能确保该安全距离时，应采用绝缘遮蔽（隔离）措施，遮蔽用具之间的搭接部分不得小于 150mm，遮蔽动作应轻缓和规范；如需穿越低压线，应保持有效安全距离或采用绝缘遮蔽（隔离）	
		（5）作业时严禁人体同时接触两个不同的电位体	
7	设置绝缘遮蔽（隔离）措施	获得工作负责人许可后，杆上电工在地面电工的配合下，用绝缘操作杆按照"从近到远、从下到上、先带电体后接地体"的遮蔽原则对作业范围内不能满足安全距离的带电体和接地体进行绝缘遮蔽（隔离）	
8	并沟线夹法连接中间相分支线路引线	（1）获得工作负责人许可后，杆上电工使用绝缘操作杆测量三相引线长度，清除连接处的氧化层	
		（2）杆上电工相互配合用绝缘锁杆锁住引线另一端后提升引线，将其固定在主导线上	
		（3）杆上电工使用线夹传送杆将线夹套入引线和主导线连接处	
		（4）杆上电工使用绝缘杆套筒扳手将线夹螺丝拧紧，让引线与导线连接可靠牢固，然后撤除绝缘锁杆	
9	带电临时线夹法连接中间相分支线路引线	（1）获得工作负责人许可后，杆上电工使用绝缘操作杆测量三相引线长度，将带电装卸线夹（猴头线夹）与引线固定	

序号	内容	要　　求	√
9	带电临时线夹法连接中间相分支线路引线	（2）杆上2号电工用绝缘锁杆锁住引线防止脱落，配合1号电工用绝缘操作杆先将带电装卸线夹（猴头线夹）挂至主导线上，再用绝缘操作杆拧紧螺杆使与导线可靠固定，然后撤除绝缘锁杆	
10	连接其余两相分支线路引线	按照连接中间相引线相同的方法，连接远边相和近边相引线。 注：三相分支线路引线连接可按先中间、后两侧的顺序进行，或根据现场情况先远（外侧）后近（内侧）的顺序进行	
11	工作完成，拆除绝缘遮蔽（隔离）措施	获得工作负责人许可后，杆上电工在地面电工的配合下，用绝缘操作杆按照"从远到近、从上到下、先接地体后带电体"的原则拆除绝缘遮蔽（隔离），检查杆上无遗留物后，返回地面	

2.6.3　作业后的终结阶段

序号	内容	要　　求	√
1	清理工具及现场	清点与整理工具、材料，清理现场做到工完料尽场地清	
2	召开现场收工会	工作总结与点评，宣布工作结束	
3	工作终结	工作负责人向值班调控人员联系工作结束，办理工作终结	
4	作业人员撤离现场	本项工作结束	

2.7　带电更换直线杆绝缘子

本作业项目：绝缘杆作业法（采用登杆作业）带电更换直线杆绝缘子，工作人员共计4名，包括工作负责人（兼工作监护人）1名、杆上电工（登杆作业）2名、地面电工1名。

注：本作业步骤适用于导线为水平排列带电更换直线杆绝缘子的作业。其中，为便于拆除和绑扎绝缘子扎线，建议此作业步骤可以使用绝缘平台采用绝缘手套来完成。若导线为三角排列，可先更换两边相绝缘子，再采用绝缘抱杆单独更换中间相绝缘子。

2.7.1　作业前的准备阶段

序号	内容	要　　求	√
1	现场勘察	确定工作范围、作业方式，明确线路名称、杆号和工作任务，确定是否停用重合闸	
2	编制作业指导书（卡）和危险点预控措施卡	明确执行有标准，操作有流程，安全有措施，现场作业关键环节、关键点风险管控分析到位、预控措施落实到位	
3	办理工作票	履行工作票制度，规范填写和签发《配电带电作业工作票》	
4	召开班前会	学习作业指导书，明确作业方法、作业标准、安全措施、人员组织和任务分工	
5	工具、材料准备	检查与清点工具、材料齐全，外观完好无损，预防性试验合格，分类装箱办理出入库手续	

2.7.2　现场作业阶段

序号	内容	要　　求	√
1	现场复勘	工作负责人组织作业人员进行作业前现场复勘，现场核对线路名称和杆号，检查作业点及两侧的电杆根部、基础、导线固结牢固，检查作业装置和现场环境符合带电作业条件	
2	履行工作许可手续	工作负责人按《配电带电作业工作票》内容与值班调控人员联系履行许可手续，在工作票上签字并记录许可时间	
3	布置工作现场，装设遮栏（围栏）和警告标志	工作负责人组织班组成员布置工作现场，安全围栏和出入口的设置应合理和规范，警告标志应齐全和明显，悬挂"在此工作、从此进出、施工现场以及车辆慢行或车辆绕行"标识牌	
4	召开现场站班会，宣读工作票并履行确认手续	工作负责人召集工作人员召开现场站班会，对工作班成员进行危险点告知，交待工作任务，交待安全措施和技术措施，检查工作班成员精神状态良好，作业人员合适，确认每一个工作班成员都已知晓后，履行确认手续在工作票上签名	
5	现场检查工器具，做好作业前的准备工作	工作负责人组织班组成员按照任务分工布置工作现场，整理工具、材料，对安全用具、绝缘工具进行现场检查，做好作业前的准备工作。其中，对绝缘工具应使用绝缘检测仪进行分段绝缘检测，绝缘电阻值不低于 700MΩ	

序号	内容	要　　求	√
6	登杆，按规定正确验电，开始现场作业工作	（1）获得工作负责人许可后，杆上电工（登杆作业）穿戴好绝缘防护用具，携带绝缘传递绳登杆至合适位置，按规定使用验电器按照导线—绝缘子—横担的顺序进行验电，确认无漏电现象，在保证安全距离的前提下挂好绝缘传递绳，开始现场作业工作	
		（2）工作负责人（或专责监护人）必须在工作现场行使监护职责，有效实施作业中的危险点、程序、质量和行为规范控制等	
		（3）绝缘操作杆的有效绝缘长度应不小于 0.7m，绝缘承力工具的有效绝缘长度不得小于 0.4m	
		（4）杆上电工应保持对带电体 0.4m 以上的有效安全距离；如不能确保该安全距离时，应采用绝缘遮蔽（隔离）措施，遮蔽用具之间的搭接部分不得小于 150mm，遮蔽动作应轻缓和规范；如需穿越低压线，应保持有效安全距离或采用绝缘遮蔽（隔离）	
		（5）作业时，要注意带电导线与横担及邻相导线的安全距离，严禁人体同时接触两个不同的电位体	
7	设置绝缘遮蔽（隔离）措施	获得工作负责人许可后，杆上电工相互配合，按照"从近到远、从下到上、先带电体后接地体"的遮蔽原则，使用绝缘操作杆依次安装两边相导线绝缘罩、绝缘子绝缘罩和横担绝缘遮蔽罩，以及中间相导线绝缘罩和直线杆绝缘子绝缘罩	
8	安装多功能绝缘抱杆（或可同时提升两相或三相导线的电杆用可升降绝缘横担），并将导线放置在绝缘抱杆线槽内或挂钩内锁定	（1）获得工作负责人许可后，地面电工将绝缘抱杆传递到杆上，杆上电工相互配合在电杆侧合适位置安装绝缘抱杆，其朝向与带更换绝缘子位置一致	
		（2）杆上电工相互配合将导线固定在绝缘抱杆线槽或挂钩内锁定，并使导线应轻微受力	
9	更换直线杆绝缘子	（1）获得工作负责人许可后，杆上电工相互配合依次拆除两边相导线扎线和中间相导线扎线，使用绝缘抱杆将导线升高至直线绝缘子有效安全距离大于 0.4m 处固定	
		（2）杆上电工相互配合更换直线杆绝缘子，并恢复绝缘子、横担的绝缘遮蔽措施	

序号	内容	要　　求	√
9	更换直线杆绝缘子	（3）杆上电工相互配合使用绝缘抱杆缓慢降落导线，将中间相导线降至绝缘子顶槽内，使用绝缘三齿耙绑好扎线（建议此作业步骤使用绝缘平台采用绝缘手套来完成），恢复导线及直线杆绝缘子绝缘遮蔽措施	
		（4）按照同样的方法和要求，杆上电工相互配合依次将两边相导线降至绝缘子顶槽内绑好扎线，恢复导线及直线杆绝缘子绝缘遮蔽措施	
		（5）杆上电工相互配合拆除绝缘抱杆	
10	工作完成，拆除绝缘遮蔽（隔离）措施	获得工作负责人许可后，杆上电工在地面电工的配合下，用绝缘操作杆按照"从远到近、从上到下、先接地体后带电体"的原则拆除绝缘遮蔽（隔离），包括中间相导线绝缘罩和绝缘子绝缘罩，两边相横担遮蔽罩、绝缘子遮蔽罩和导线遮蔽罩，检查杆上无遗留物后，返回地面	

2.7.3　作业后的终结阶段

序号	内容	要　　求	√
1	清理工具及现场	清点与整理工具、材料，清理现场做到工完料尽场地清	
2	召开现场收工会	工作总结与点评，宣布工作结束	
3	工作终结	工作负责人向值班调控人员联系工作结束，办理工作终结	
4	作业人员撤离现场	本项工作结束	

2.8　带电更换直线杆绝缘子及横担

本作业项目：绝缘杆作业法（采用登杆作业）带电更换直线杆绝缘子及横担，工作人员共计 4 名，包括工作负责人（兼工作监护人）1 名，杆上电工（登杆作业）2 名、地面电工 1 名。

注：本作业步骤适用于导线为水平排列带电更换直线杆绝缘子及横担的作业。其中，为便于拆除和绑扎绝缘子扎线，建议此作业步骤可以使用绝缘平台采用绝缘手套来完成。若导线为三角排列时，可先更换两边相绝缘子及横担，再采用绝缘抱杆单独更换中间相绝缘子。

2.8.1 作业前的准备阶段

序号	内容	要　　求	√
1	现场勘察	确定工作范围、作业方式，明确线路名称、杆号和工作任务，确定是否停用重合闸	
2	编制作业指导书（卡）和危险点预控措施卡	明确执行有标准，操作有流程，安全有措施，现场作业关键环节、关键点风险管控分析到位、预控措施落实到位	
3	办理工作票	履行工作票制度，规范填写和签发《配电带电作业工作票》	
4	召开班前会	学习作业指导书，明确作业方法、作业标准、安全措施、人员组织和任务分工	
5	工具、材料准备	检查与清点工具、材料齐全，外观完好无损，预防性试验合格，分类装箱办理出入库手续	

2.8.2 现场作业阶段

序号	内容	要　　求	√
1	现场复勘	工作负责人组织作业人员进行作业前现场复勘，现场核对线路名称和杆号，检查作业点及两侧的电杆根部、基础、导线固结牢固，检查作业装置和现场环境符合带电作业条件	
2	履行工作许可手续	工作负责人按《配电带电作业工作票》内容与值班调控人员联系履行许可手续，在工作票上签字并记录许可时间	
3	布置工作现场，装设遮栏（围栏）和警告标志	工作负责人组织班组成员布置工作现场，安全围栏和出入口的设置应合理和规范，警告标志应齐全和明显，悬挂"在此工作、从此进出、施工现场以及车辆慢行或车辆绕行"标识牌	
4	召开现场站班会，宣读工作票并履行确认手续	工作负责人召集工作人员召开现场站班会，对工作班成员进行危险点告知，交待工作任务，交待安全措施和技术措施，检查工作班成员精神状态良好，作业人员合适，确认每一个工作班成员都已知晓后，履行确认手续在工作票上签名	
5	现场检查工器具，做好作业前的准备工作	工作负责人组织班组成员按照任务分工布置工作现场，整理工具、材料，对安全用具、绝缘工具进行现场检查，做好作业前的准备工作。其中，对绝缘工具应使用绝缘检测仪进行分段绝缘检测，绝缘电阻值不低于 700MΩ	

序号	内容	要　　求	√
6	登杆，按规定正确验电，开始现场作业工作	（1）获得工作负责人许可后，杆上电工（登杆作业）穿戴好绝缘防护用具，携带绝缘传递绳登杆至合适位置，按规定使用验电器按照导线—绝缘子—横担的顺序进行验电，确认无漏电现象，在保证安全距离的前提下挂好绝缘传递绳，开始现场作业工作	
		（2）工作负责人（或专责监护人）必须在工作现场行使监护职责，有效实施作业中的危险点、程序、质量和行为规范控制等	
		（3）绝缘操作杆的有效绝缘长度应不小于0.7m，绝缘承力工具的有效绝缘长度不得小于0.4m	
		（4）杆上电工应保持对带电体0.4m以上的有效安全距离；如不能确保该安全距离时，应采用绝缘遮蔽（隔离）措施，遮蔽用具之间的搭接部分不得小于150mm，遮蔽动作应轻缓和规范；如需穿越低压线，应保持有效安全距离或采用绝缘遮蔽（隔离）	
		（5）作业时要注意带电导线与横担及邻相导线的安全距离，严禁人体同时接触两个不同的电位体	
7	设置绝缘遮蔽（隔离）措施	获得工作负责人许可后，杆上电工相互配合，按照"从近到远、从下到上、先带电体后接地体"的遮蔽原则，使用绝缘操作杆依次安装两边相导线绝缘罩、绝缘子绝缘罩和横担绝缘遮蔽罩，以及中间相导线绝缘罩和直线杆绝缘子绝缘罩	
8	安装多功能绝缘抱杆（或可同时提升两相或三相导线的电杆用可升降绝缘横担），并将导线放置在绝缘抱杆线槽内或挂钩内锁定	（1）获得工作负责人许可后，地面电工将绝缘抱杆传递到杆上，杆上电工相互配合在电杆侧合适位置安装绝缘抱杆，其朝向与带更换绝缘子位置一致	
		（2）杆上电工相互配合将导线固定在绝缘抱杆线槽内或挂钩内锁定，并使导线应轻微受力	
9	更换直线杆绝缘子及横担	（1）获得工作负责人许可后，杆上电工相互配合依次拆除两边相导线扎线和中间相导线扎线，使用绝缘抱杆将导线升高至直线绝缘子有效安全距离大于0.4m处固定	
		（2）杆上电工在地面电工的配合下，拆除绝缘子和旧横担，安装新横担和绝缘子，并恢复绝缘子、横担的绝缘遮蔽措施	

序号	内容	要 求	√
9	更换直线杆绝缘子及横担	（3）杆上电工相互配合使用绝缘抱杆缓慢降落导线，将中间相导线降至绝缘子顶槽内，使用绝缘三齿耙绑好扎线（建议此作业步骤使用绝缘平台采用绝缘手套来完成），恢复导线及直线杆绝缘子绝缘遮蔽措施	
		（4）按照同样的方法和要求，杆上电工相互配合依次将两边相导线降至绝缘子顶槽内绑好扎线，恢复导线及直线杆绝缘子绝缘遮蔽措施	
		（5）杆上电工相互配合拆除绝缘抱杆	
10	工作完成，拆除绝缘遮蔽（隔离）措施	获得工作负责人许可后，杆上电工在地面电工的配合下，用绝缘操作杆按照"从远到近、从上到下、先接地体后带电体"的原则拆除绝缘遮蔽（隔离），包括中间相导线绝缘罩和绝缘子绝缘罩，两边相横担遮蔽罩、绝缘子遮蔽罩和导线遮蔽罩，检查杆上无遗留物后，返回地面	

2.8.3　作业后的终结阶段

序号	内容	要 求	√
1	清理工具及现场	清点与整理工具、材料，清理现场做到工完料尽场地清	
2	召开现场收工会	工作总结与点评，宣布工作结束	
3	工作终结	工作负责人向值班调控人员联系工作结束，办理工作终结	
4	作业人员撤离现场	本项工作结束	

第 3 章

·······

绝缘手套作业法项目

3.1 普通消缺及装拆附件

本作业项目：绝缘手套作业法（采用绝缘斗臂车作业）普通消缺及装拆附件，包括清除异物、扶正绝缘子、修补导线及调节导线弧垂、拆除退役设备、加装接地环、加装或拆除接触设备套管、故障指示器、驱鸟器等。工作人员共计4名，包括工作负责人（兼工作监护人）1名、斗内电工（斗臂车作业）2名、地面电工1名。

3.1.1 作业前的准备阶段

序号	内容	要　　　求	√
1	现场勘察	确定工作范围、作业方式，明确线路名称、杆号和工作任务，确定是否停用重合闸	
2	编制作业指导书（卡）和危险点预控措施卡	明确执行有标准，操作有流程，安全有措施，现场作业关键环节、关键点风险管控分析到位、预控措施落实到位	
3	办理工作票	履行工作票制度，规范填写和签发《配电带电作业工作票》	
4	召开班前会	学习作业指导书，明确作业方法、作业标准、安全措施、人员组织和任务分工	
5	工具、材料准备	检查与清点工具、材料齐全，外观完好无损，预防性试验合格，分类装箱办理出入库手续	

3.1.2 现场作业阶段

序号	内容	要　　　求	√
1	现场复勘	工作负责人组织作业人员进行作业前现场复勘，现场核对线路名称和杆号，检查确认作业装置和现场环境符合带电作业条件	

序号	内容	要 求	√
2	履行工作许可手续	工作负责人按《配电带电作业工作票》内容与值班调控人员联系履行许可手续,在工作票上签字并记录许可时间	
3	布置工作现场,装设遮栏(围栏)和警告标志	工作负责人组织班组成员布置工作现场,安全围栏和出入口的设置应合理和规范,警告标志应齐全和明显,悬挂"在此工作、从此进出、施工现场以及车辆慢行或车辆绕行"标识牌	
4	召开现场站班会,宣读工作票并履行确认手续	工作负责人召集工作人员召开现场站班会,对工作班成员进行危险点告知,交待工作任务,交待安全措施和技术措施,检查工作班成员精神状态良好,作业人员合适,确认每一个工作班成员都已知晓后,履行确认手续在工作票上签名	
5	现场检查工器具,空斗试操作斗臂车,做好作业前的准备工作	工作负责人组织班组成员按照任务分工布置工作现场,整理工具、材料,对安全用具、绝缘工具进行现场检查,做好作业前的准备工作。其中,对绝缘工具应使用绝缘检测仪进行分段绝缘检测,绝缘电阻值不低于 700MΩ;查看绝缘斗臂车绝缘臂、绝缘斗良好,操作绝缘斗臂车进行空斗试操作等	
6	斗内作业人员进入绝缘斗,准备开始现场作业	斗内作业人员穿戴好绝缘防护用具,经工作负责人检查合格后,进入绝缘斗并将安全带保险钩系挂在斗内专用挂钩上,准备开始现场作业	
7	进入带电作业区域,开始现场作业工作	(1)获得工作负责人许可后,斗内电工操作绝缘斗臂车进入带电作业区域,开始现场作业工作	
		(2)工作负责人(或专责监护人)必须在工作现场行使监护职责,有效实施作业中的危险点、程序、质量和行为规范控制等	
		(3)绝缘斗臂车绝缘臂的有效绝缘长度应不小于1.0m,绝缘操作杆的有效绝缘长度应不小于0.7m	
		(4)斗内电工应保持对地不小于0.4m、对邻相导线不小于0.6m的安全距离,如不能确保该安全距离时,应采用绝缘遮蔽(隔离)措施,遮蔽用具之间的搭接部分不得小于150mm,遮蔽动作应轻缓和规范	
		(5)作业时严禁人体同时接触两个不同的电位体	
		(6)绝缘斗内双人作业时,禁止同时在不同相或不同电位作业	

序号	内容	要　　　求	√
8	按规定正确验电	获得工作负责人许可后,斗内电工操作绝缘斗臂车将绝缘斗调整至横担外侧适当位置,按规定使用验电器按照导线—绝缘子—横担—电杆的顺序进行验电,确认无漏电现象	
9	项目1:清除异物	(1)获得工作负责人许可后,斗内电工将绝缘斗调整至近边相导线适当位置,按照"从近到远、从下到上、先带电体后接地体"的遮蔽原则对作业范围内的带电体及接地体进行绝缘遮蔽(隔离),其余两相绝缘遮蔽(隔离)按照相同方法进行	
		(2)斗内电工清除异物时,需在上风侧,并采取措施防止异物落下伤人等	
		(3)地面电工配合将异物放至地面	
		(4)工作完成,斗内电工按照"从远到近、从上到下、先接地体后带电体"的原则拆除绝缘遮蔽(隔离),检查无遗留物后,转移绝缘斗退出带电作业工作区域,返回地面	
10	项目2:扶正绝缘子	(1)获得工作负责人许可后,斗内电工将绝缘斗调整至近边相导线适当位置,按照"从近到远、从下到上、先带电体后接地体"的遮蔽原则对作业范围内的带电体及接地体进行绝缘遮蔽(隔离),如需扶正中间相绝缘子,中间相和两边相均需进行绝缘遮蔽(隔离)	
		(2)斗内电工扶正绝缘子,用绝缘套筒扳手紧固绝缘子螺栓	
		(3)工作完成,斗内电工按照"从远到近、从上到下、先接地体后带电体"的原则拆除绝缘遮蔽(隔离),检查无遗留物后,转移绝缘斗退出带电作业工作区域,返回地面	
11	项目3:修补导线	(1)获得工作负责人许可后,斗内电工将绝缘斗调整至导线修补点附近适当位置,观察导线损伤情况并汇报工作负责人,由工作负责人决定修补方案	
		(2)斗内电工按照"从近到远、从下到上、先带电体后接地体"的遮蔽原则对作业范围内的带电体及接地体进行绝缘遮蔽(隔离)	
		(3)斗内电工按照工作负责人所列方案对损伤导线进行修补	

序号	内容	要　　　求	√
11	项目3：修补导线	（4）工作完成，斗内电工按照"从远到近、从上到下、先接地体后带电体"的原则拆除绝缘遮蔽（隔离），检查无遗留物后，转移绝缘斗退出带电作业工作区域，返回地面	
12	项目4：调节导线弧垂	（1）获得工作负责人许可后，斗内电工将绝缘斗调整至近边相导线适当位置，按照"从近到远、从下到上、先带电体后接地体"的遮蔽原则对作业范围内的带电体及接地体进行绝缘遮蔽（隔离），其余两相绝缘遮蔽（隔离）按照相同方法进行	
		（2）斗内电工将绝缘斗调整到近边相导线外侧适当位置，将绝缘绳套（或绝缘联板）安装在耐张横担上，安装绝缘紧线器和导线后备保护绳，收紧导线，调节弧垂	
		（3）斗内电工视导线弧垂大小调整耐张线夹内的导线	
		（4）其余两相按相同方法进行	
		（5）工作完成，斗内电工按照"从远到近、从上到下、先接地体后带电体"的原则拆除绝缘遮蔽（隔离），检查无遗留物后，转移绝缘斗退出带电作业工作区域，返回地面	
13	项目5：拆除退役设备	（1）获得工作负责人许可后，斗内电工将绝缘斗调整至近边相导线适当位置，按照"从近到远、从下到上、先带电体后接地体"的遮蔽原则对作业范围内的带电体及接地体进行绝缘遮蔽（隔离），其余两相绝缘遮蔽（隔离）按照相同方法进行	
		（2）斗内电工拆除退役设备时，需采取措施防止退役设备落下伤人等	
		（3）地面电工配合将退役设备放至地面	
		（4）工作完成，斗内电工按照"从远到近、从上到下、先接地体后带电体"的原则拆除绝缘遮蔽（隔离），检查无遗留物后，转移绝缘斗退出带电作业工作区域，返回地面	
14	项目6：加装接地环	（1）获得工作负责人许可后，斗内电工将绝缘斗调整至近边相导线适当位置，按照"从近到远、从下到上、先带电体后接地体"的遮蔽原则对作业范围内的带电体及接地体进行绝缘遮蔽（隔离），其余两相绝缘遮蔽（隔离）按照相同方法进行	

序号	内容	要　　求	√
14	项目6：加装接地环	（2）斗内电工将绝缘斗调整到中间相导线下侧，安装接地环	
		（3）其余两相按相同方法进行	
		（4）工作完成，斗内电工按照"从远到近、从上到下、先接地体后带电体"的原则拆除绝缘遮蔽（隔离），检查无遗留物后，转移绝缘斗退出带电作业工作区域，返回地面	
15	项目7：加装接触设备套管	（1）获得工作负责人许可后，斗内电工将绝缘斗调整至近边相导线适当位置，按照"从近到远、从下到上、先带电体后接地体"的遮蔽原则对作业范围内的带电体及接地体进行绝缘遮蔽（隔离），其余两相绝缘遮蔽（隔离）按照相同方法进行	
		（2）斗内电工将绝缘套管安装到相应导线上，绝缘套管之间应紧密连接、开口向下	
		（3）其余两相按相同方法进行	
		（4）工作完成，斗内电工按照"从远到近、从上到下、先接地体后带电体"的原则拆除绝缘遮蔽（隔离），检查无遗留物后，转移绝缘斗退出带电作业工作区域，返回地面	
16	项目8：拆除接触设备套管	（1）获得工作负责人许可后，斗内电工将绝缘斗调整至近边相导线适当位置，按照"从近到远、从下到上、先带电体后接地体"的遮蔽原则对作业范围内的带电体及接地体进行绝缘遮蔽（隔离），其余两相绝缘遮蔽（隔离）按照相同方法进行	
		（2）斗内电工将中间相导线上绝缘套管拆除	
		（3）其余两相按相同方法进行	
		（4）工作完成，斗内电工按照"从远到近、从上到下、先接地体后带电体"的原则拆除绝缘遮蔽（隔离），检查无遗留物后，转移绝缘斗退出带电作业工作区域，返回地面	
17	项目9：加装故障指示器	（1）获得工作负责人许可后，斗内电工将绝缘斗调整至近边相导线适当位置，按照"从近到远、从下到上、先带电体后接地体"的遮蔽原则对作业范围内的带电体及接地体进行绝缘遮蔽（隔离），其余两相绝缘遮蔽（隔离）按照相同方法进行	
		（2）斗内电工将绝缘斗调整到中间相导线下侧，将故障指示器加装在导线上	

序号	内容	要　　求	√
17	项目9：加装故障指示器	（3）其余两相按相同方法进行	
		（4）工作完成，斗内电工按照"从远到近、从上到下、先接地体后带电体"的原则拆除绝缘遮蔽（隔离），检查无遗留物后，转移绝缘斗退出带电作业工作区域，返回地面	
18	项目10：拆除故障指示器	（1）获得工作负责人许可后，斗内电工将绝缘斗调整至近边相导线适当位置，按照"从近到远、从下到上、先带电体后接地体"的遮蔽原则对作业范围内的带电体及接地体进行绝缘遮蔽（隔离），其余两相绝缘遮蔽（隔离）按照相同方法进行	
		（2）斗内电工将绝缘斗调整到中间相导线下侧，将故障指示器拆除	
		（3）其余两相按相同方法进行	
		（4）工作完成，斗内电工按照"从远到近、从上到下、先接地体后带电体"的原则拆除绝缘遮蔽（隔离），检查无遗留物后，转移绝缘斗退出带电作业工作区域，返回地面	
19	项目11：加装驱鸟器	（1）获得工作负责人许可后，斗内电工将绝缘斗调整至近边相导线适当位置，按照"从近到远、从下到上、先带电体后接地体"的遮蔽原则对作业范围内的带电体及接地体进行绝缘遮蔽（隔离），其余两相绝缘遮蔽（隔离）按照相同方法进行	
		（2）斗内电工将绝缘斗调整到安装驱鸟器的横担处，将驱鸟器安装到横担的预定位置上，紧固螺栓并确认牢固	
		（3）其余两相按相同方法进行	
		（4）工作完成，斗内电工按照"从远到近、从上到下、先接地体后带电体"的原则拆除绝缘遮蔽（隔离），检查无遗留物后，转移绝缘斗退出带电作业工作区域，返回地面	
20	项目12：拆除驱鸟器	（1）获得工作负责人许可后，斗内电工将绝缘斗调整至近边相导线适当位置，按照"从近到远、从下到上、先带电体后接地体"的遮蔽原则对作业范围内的带电体及接地体进行绝缘遮蔽（隔离），其余两相绝缘遮蔽（隔离）按照相同方法进行	

序号	内容	要　　求	√
20	项目12：拆除驱鸟器	（2）斗内电工将绝缘斗调整到拆除驱鸟器的横担处，将驱鸟器螺栓松开，取下将驱鸟器	
		（3）按相同方法拆除其余驱鸟器	
		（4）工作完成，斗内电工按照"从远到近、从上到下、先接地体后带电体"的原则拆除绝缘遮蔽（隔离），检查无遗留物后，转移绝缘斗退出带电作业工作区域，返回地面	

3.1.3　作业后的终结阶段

序号	内容	要　　求	√
1	清理工具及现场	清点与整理工具、材料，清理现场做到工完料尽场地清	
2	召开现场收工会	工作总结与点评，宣布工作结束	
3	工作终结	工作负责人向值班调控人员联系工作结束，办理工作终结	
4	作业人员撤离现场	本项工作结束	

3.2　带电辅助加装或拆除绝缘遮蔽

本作业项目：绝缘手套作业法（采用绝缘斗臂车作业）带电辅助加装或拆除绝缘遮蔽，工作人员共计4名，包括工作负责人（兼工作监护人）1名、斗内电工（斗臂车作业）2名、地面电工1名。

3.2.1　作业前的准备阶段

序号	内容	要　　求	√
1	现场勘察	确定工作范围、作业方式，明确线路名称、杆号和工作任务，确定是否停用重合闸	
2	编制作业指导书（卡）和危险点预控措施卡	明确执行有标准，操作有流程，安全有措施，现场作业关键环节、关键点风险管控分析到位、预控措施落实到位	

序号	内容	要　　求	√
3	办理工作票	履行工作票制度，规范填写和签发《配电带电作业工作票》	
4	召开班前会	学习作业指导书，明确作业方法、作业标准、安全措施、人员组织和任务分工	
5	工具、材料准备	检查与清点工具、材料齐全，外观完好无损，预防性试验合格，分类装箱办理出入库手续	

3.2.2　现场作业阶段

序号	内容	要　　求	√
1	现场复勘	工作负责人组织作业人员进行作业前现场复勘，现场核对线路名称和杆号，检查作业装置和现场环境符合带电作业条件	
2	履行工作许可手续	工作负责人按《配电带电作业工作票》内容与值班调控人员联系履行许可手续，在工作票上签字并记录许可时间	
3	布置工作现场，装设遮栏（围栏）和警告标志	工作负责人组织班组成员布置工作现场，安全围栏和出入口的设置应合理和规范，警告标志应齐全和明显，悬挂"在此工作、从此进出、施工现场以及车辆慢行或车辆绕行"标识牌	
4	召开现场站班会，宣读工作票并履行确认手续	工作负责人召集工作人员召开现场站班会，对工作班成员进行危险点告知，交待工作任务，交待安全措施和技术措施，检查工作班成员精神状态良好，作业人员合适，确认每一个工作班成员都已知晓后，履行确认手续在工作票上签名	
5	现场检查工器具，空斗试操作斗臂车，做好作业前的准备工作	工作负责人组织班组成员按照任务分工布置工作现场，整理工具、材料，对安全用具、绝缘工具进行现场检查，做好作业前的准备工作。其中，对绝缘工具应使用绝缘检测仪进行分段绝缘检测，绝缘电阻值不低于 $700\text{M}\Omega$；查看绝缘斗臂车绝缘臂、绝缘斗良好，操作绝缘斗臂车进行空斗试操作等	
6	斗内作业人员进入绝缘斗，准备开始现场作业	斗内作业人员穿戴好绝缘防护用具，经工作负责人检查合格后，进入绝缘斗并将安全带保险钩系挂在斗内专用挂钩上，准备开始现场作业	

序号	内容	要 求	√
7	进入带电作业区域，开始现场作业工作	（1）获得工作负责人许可后，斗内电工操作绝缘斗臂车进入带电作业区域，开始现场作业工作	
		（2）工作负责人（或专责监护人）必须在工作现场行使监护职责，有效实施作业中的危险点、程序、质量和行为规范控制等	
		（3）绝缘斗臂车绝缘臂的有效绝缘长度应不小于1.0m，绝缘操作杆的有效绝缘长度应不小于0.7m	
		（4）斗内电工应保持对地不小于0.4m、对邻相导线不小于0.6m的安全距离，如不能确保该安全距离时，应采用绝缘遮蔽（隔离）措施，遮蔽用具之间的搭接部分不得小于150mm，遮蔽动作应轻缓和规范	
		（5）作业时严禁人体同时接触两个不同的电位体	
		（6）绝缘斗内双人作业时，禁止同时在不同相或不同电位作业	
8	按规定正确验电	获得工作负责人许可后，斗内电工操作绝缘斗臂车将绝缘斗调整至横担外侧适当位置，按规定使用验电器按照导线—绝缘子—横担—电杆的顺序进行验电，确认无漏电现象	
9	装设绝缘遮蔽（隔离）用具	（1）获得工作负责人许可后，斗内电工将绝缘斗调整至近边相导线适当位置，按照"从近到远、从下到上、先带电体后接地体"的遮蔽原则对作业范围内的带电体及接地体进行绝缘遮蔽（隔离）	
		（2）其余两相绝缘遮蔽（隔离）按相同方法进行。 注：装设绝缘遮蔽（隔离）用具时，可由近（内侧）至远（外侧），或根据现场情况先两边相、后中间相	
		（3）工作完成，斗内电工转移绝缘斗退出带电作业工作区域，返回地面	
10	拆除绝缘遮蔽（隔离）用具	（1）获得工作负责人许可后，斗内电工按照"从远到近、从上到下、先接地体后带电体"的原则拆除绝缘遮蔽（隔离），拆除绝缘遮蔽（隔离）用具时，可按照先远（外侧）、后近（内侧）的顺序，或根据现场情况先中间相、后两边相，逐相进行	
		（2）工作完成，检查无遗留物后，斗内电工转移绝缘斗退出带电作业工作区域，返回地面	

3.2.3 作业后的终结阶段

序号	内容	要　　求	√
1	清理工具及现场	清点与整理工具、材料，清理现场做到工完料尽场地清	
2	召开现场收工会	工作总结与点评，宣布工作结束	
3	工作终结	工作负责人向值班调控人员联系工作结束，办理工作终结	
4	作业人员撤离现场	本项工作结束	

3.3　带电更换避雷器

本作业项目：绝缘手套作业法（采用绝缘斗臂车作业）带电更换避雷器，工作人员共计 4 名，包括工作负责人（兼工作监护人）1 名、斗内电工（斗臂车作业）2 名、地面电工 1 名。

3.3.1 作业前的准备阶段

序号	内容	要　　求	√
1	现场勘察	确定工作范围、作业方式，明确线路名称、杆号和工作任务，确定是否停用重合闸	
2	编制作业指导书（卡）和危险点预控措施卡	明确执行有标准，操作有流程，安全有措施，现场作业关键环节、关键点风险管控分析到位、预控措施落实到位	
3	办理工作票	履行工作票制度，规范填写和签发《配电带电作业工作票》	
4	召开班前会	学习作业指导书，明确作业方法、作业标准、安全措施、人员组织和任务分工	
5	工具、材料准备	检查与清点工具、材料齐全，外观完好无损，预防性试验合格，分类装箱办理出入库手续	

3.3.2 现场作业阶段

序号	内容	要　　求	√
1	现场复勘	工作负责人组织作业人员进行作业前现场复勘，现场核对线路名称和杆号，确认避雷器接地装置完整可靠，避雷器应无明显损坏现象，检查作业装置和现场环境符合带电作业条件	
2	履行工作许可手续	工作负责人按《配电带电作业工作票》内容与值班调控人员联系履行许可手续，在工作票上签字并记录许可时间	
3	布置工作现场，装设遮栏（围栏）和警告标志	工作负责人组织班组成员布置工作现场，安全围栏和出入口的设置应合理和规范，警告标志应齐全和明显，悬挂"在此工作、从此进出、施工现场以及车辆慢行或车辆绕行"标识牌	
4	召开现场站班会，宣读工作票并履行确认手续	工作负责人召集工作人员召开现场站班会，对工作班成员进行危险点告知，交待工作任务，交待安全措施和技术措施，检查工作班成员精神状态良好，作业人员合适，确认每一个工作班成员都已知晓后，履行确认手续在工作票上签名	
5	现场检查工器具，空斗试操作斗臂车，做好作业前的准备工作	工作负责人组织班组成员按照任务分工布置工作现场，整理工具、材料，对安全用具、绝缘工具进行现场检查，做好作业前的准备工作。其中，对绝缘工具应使用绝缘检测仪进行分段绝缘检测，绝缘电阻值不低于 700MΩ；查看绝缘斗臂车绝缘臂、绝缘斗良好，操作绝缘斗臂车进行空斗试操作等；新避雷器需查验试验合格报告，并使用绝缘检测仪确认绝缘性能完好	
6	斗内作业人员进入绝缘斗，准备开始现场作业	斗内作业人员穿戴好绝缘防护用具，经工作负责人检查合格后，进入绝缘斗并将安全带保险钩系挂在斗内专用挂钩上，准备开始现场作业	
7	进入带电作业区域，开始现场作业工作	（1）获得工作负责人许可后，斗内电工操作绝缘斗臂车进入带电作业区域，开始现场作业工作	
		（2）工作负责人（或专责监护人）必须在工作现场行使监护职责，有效实施作业中的危险点、程序、质量和行为规范控制等	
		（3）绝缘斗臂车绝缘臂的有效绝缘长度应不小于 1.0m，绝缘操作杆的有效绝缘长度应不小于 0.7m	

序号	内容	要　　求	√
7	进入带电作业区域，开始现场作业工作	（4）斗内电工应保持对地不小于 0.4m、对邻相导线不小于 0.6m 的安全距离，如不能确保该安全距离时，应采用绝缘遮蔽（隔离）措施，遮蔽用具之间的搭接部分不得小于 150mm，遮蔽动作应轻缓和规范	
		（5）作业时严禁人体同时接触两个不同的电位体	
		（6）绝缘斗内双人作业时，禁止同时在不同相或不同电位作业	
8	按规定正确验电	获得工作负责人许可后，斗内电工操作绝缘斗臂车将绝缘斗调整至三相避雷器外侧适当位置，按规定使用验电器按照导线—绝缘子—避雷器—横担—电杆的顺序进行验电，确认无漏电现象	
9	设置绝缘遮蔽（隔离）措施	获得工作负责人许可后，斗内电工将绝缘斗调整至近边相导线适当位置，按照"从近到远、从下到上、先带电体后接地体"的遮蔽原则对作业范围内的带电体及接地体进行绝缘遮蔽（隔离），其余两相绝缘遮蔽（隔离）按照相同方法进行。遮蔽（隔离）顺序应先两边相、再中间相	
10	拆除避雷器	（1）获得工作负责人许可后，斗内电工将绝缘斗调整至避雷器横担适当位置，将近边相避雷器引线从主导线（或其他搭接部位）拆除，并妥善固定引线	
		（2）其余两相按相同方法进行。 注：三相避雷器接线器的拆除，可由近（内侧）至远（外侧），也可根据现场情况先两边相、后中间相的顺序，逐相进行	
11	更换新避雷器	（1）获得工作负责人许可后，斗内电工更换新避雷器，在避雷器接线柱上安装好引线并妥善固定，恢复绝缘遮蔽（隔离）措施	
		（2）斗内电工将绝缘斗调整至避雷器横担适当位置，安装三相避雷器接地线，将中间相避雷器上引线与主导线进行搭接	
		（3）其余两相按相同的方法进行。 注：三相避雷器接线器的搭接，可先中间相、后两边相，也可根据现场情况按照先远（外侧）、后近（内侧）的顺序，逐相进行	

序号	内容	要　　求	√
12	工作完成，拆除绝缘遮蔽（隔离）措施	获得工作负责人许可后，斗内电工按照"从远到近、从上到下、先接地体后带电体"的原则依次拆除中间相、远边相和近边相绝缘遮蔽（隔离），检查无遗留物后，转移绝缘斗退出带电作业工作区域，返回地面	

3.3.3　作业后的终结阶段

序号	内容	要　　求	√
1	清理工具及现场	清点与整理工具、材料，清理现场做到工完料尽场地清	
2	召开现场收工会	工作总结与点评，宣布工作结束	
3	工作终结	工作负责人向值班调控人员联系工作结束，办理工作终结	
4	作业人员撤离现场	本项工作结束	

3.4　带电断引流线—熔断器上引线

本作业项目：绝缘手套作业法（采用绝缘斗臂车作业）带电断引流线—熔断器上引线，工作人员共计 4 名，包括工作负责人（兼工作监护人）1 名、斗内电工（斗臂车作业）2 名、地面电工 1 名。

3.4.1　作业前的准备阶段

序号	内容	要　　求	√
1	现场勘察	确定工作范围、作业方式，明确线路名称、杆号和工作任务，确定是否停用重合闸	
2	编制作业指导书（卡）和危险点预控措施卡	明确执行有标准，操作有流程，安全有措施，现场作业关键环节、关键点风险管控分析到位、预控措施落实到位	
3	办理工作票	履行工作票制度，规范填写和签发《配电带电作业工作票》	
4	召开班前会	学习作业指导书，明确作业方法、作业标准、安全措施、人员组织和任务分工	
5	工具、材料准备	检查与清点工具、材料齐全，外观完好无损，预防性试验合格，分类装箱办理出入库手续	

3.4.2　现场作业阶段

序号	内容	要　　　求	√
1	现场复勘	工作负责人组织作业人员进行作业前现场复勘,现场核对线路名称和杆号,检查电杆根部、基础和拉线牢固,检查确认负荷侧变压器、电压互感器确已退出,熔断器确已断开,熔管已取下,待断引流线确已空载,检查作业装置和现场环境符合带电作业条件	
2	履行工作许可手续	工作负责人按《配电带电作业工作票》内容与值班调控人员联系履行许可手续,在工作票上签字并记录许可时间	
3	布置工作现场,装设遮栏（围栏）和警告标志	工作负责人组织班组成员布置工作现场,安全围栏和出入口的设置应合理和规范,警告标志应齐全和明显,悬挂"在此工作、从此进出、施工现场以及车辆慢行或车辆绕行"标识牌	
4	召开现场站班会,宣读工作票并履行确认手续	工作负责人召集工作人员召开现场站班会,对工作班成员进行危险点告知,交待工作任务,交待安全措施和技术措施,检查工作班成员精神状态良好,作业人员合适,确认每一个工作班成员都已知晓后,履行确认手续在工作票上签名	
5	现场检查工器具,空斗试操作斗臂车,做好作业前的准备工作	工作负责人组织班组成员按照任务分工布置工作现场,整理工具、材料,对安全用具、绝缘工具进行现场检查,做好作业前的准备工作。其中,对绝缘工具应使用绝缘检测仪进行分段绝缘检测,绝缘电阻值不低于 700MΩ;查看绝缘斗臂车绝缘臂、绝缘斗良好,操作绝缘斗臂车进行空斗试操作等	
6	斗内作业人员进入绝缘斗,准备开始现场作业	斗内作业人员穿戴好绝缘防护用具,经工作负责人检查合格后,进入绝缘斗并将安全带保险钩系在斗内专用挂钩上,准备开始现场作业	
7	进入带电作业区域,开始现场作业工作	（1）获得工作负责人许可后,斗内电工操作绝缘斗臂车进入带电作业区域,开始现场作业工作	
		（2）工作负责人（或专责监护人）必须在工作现场行使监护职责,有效实施作业中的危险点、程序、质量和行为规范控制等	
		（3）绝缘斗臂车绝缘臂的有效绝缘长度应不小于1.0m,绝缘操作杆的有效绝缘长度应不小于 0.7m	
		（4）斗内电工应保持对地不小于 0.4m、对邻相导线不小于 0.6m 的安全距离,如不能确保该安全距离时,应采用绝缘遮蔽（隔离）措施,遮蔽用具之间的搭接部分不得小于 150mm,遮蔽动作应轻缓和规范	

序号	内容	要　　求	√
7	进入带电作业区域，开始现场作业工作	（5）作业时严禁人体同时接触两个不同的电位体	
		（6）绝缘斗内双人作业时，禁止同时在不同相或不同电位作业	
8	按规定正确验电	获得工作负责人许可后，斗内电工操作绝缘斗臂车将绝缘斗调整至横担下侧适当位置，按规定使用验电器按照导线—绝缘子—横担—电杆的顺序进行验电，确认无漏电现象	
9	设置绝缘遮蔽（隔离）措施	获得工作负责人许可后，斗内电工斗内电工将绝缘斗调整至近边相导线外侧适当位置，按照"从近到远、从下到上、先带电体后接地体"的遮蔽原则对作业范围内的带电体及接地体进行绝缘遮蔽（隔离），其余两相绝缘遮蔽（隔离）按照相同方法进行。遮蔽（隔离）顺序应先两边相、再中间相	
10	拆除熔断器上引线	（1）获得工作负责人许可后，斗内电工调整工作斗近边相合适位置，用绝缘锁杆将熔断器上引线线头临时固定在主导线上，然后拆除线夹	
		（2）斗内电工调整工作位置后，将上引线线头脱离主导线并妥善固定	
		（3）恢复主导线绝缘遮蔽	
		（4）拆除其余两相熔断器上引线按相同方法进行。注：三相熔断器上引线的拆除顺序应先两边相、再中间相。如导线为绝缘线，熔断器上引线拆除后应恢复导线的绝缘及密封	
11	工作完成，拆除绝缘遮蔽（隔离）措施	获得工作负责人许可后，斗内电工按照"从远到近、从上到下、先接地体后带电体"的原则依次拆除中间相、远边相和近边相绝缘遮蔽（隔离），检查无遗留物后，转移绝缘斗退出带电作业工作区域，返回地面	

3.4.3　作业后的终结阶段

序号	内容	要　　求	√
1	清理工具及现场	清点与整理工具、材料，清理现场做到工完料尽场地清	
2	召开现场收工会	工作总结与点评，宣布工作结束	
3	工作终结	工作负责人向值班调控人员联系工作结束，办理工作终结	
4	作业人员撤离现场	本项工作结束	

3.5 带电接引流线—熔断器上引线

本作业项目：绝缘手套作业法（采用绝缘斗臂车作业）带电接引流线—熔断器上引线，工作人员共计 4 名，包括工作负责人（兼工作监护人）1 名、斗内电工（斗臂车作业）2 名、地面电工 1 名。

3.5.1 作业前的准备阶段

序号	内容	要　　求	√
1	现场勘察	确定工作范围、作业方式，明确线路名称、杆号和工作任务，确定是否停用重合闸	
2	编制作业指导书（卡）和危险点预控措施卡	明确执行有标准，操作有流程，安全有措施，现场作业关键环节、关键点风险管控分析到位、预控措施落实到位	
3	办理工作票	履行工作票制度，规范填写和签发《配电带电作业工作票》	
4	召开班前会	学习作业指导书，明确作业方法、作业标准、安全措施、人员组织和任务分工	
5	工具、材料准备	检查与清点工具、材料齐全，外观完好无损，预防性试验合格，分类装箱办理出入库手续	

3.5.2 现场作业阶段

序号	内容	要　　求	√
1	现场复勘	工作负责人组织作业人员进行作业前现场复勘，现场核对线路名称和杆号，检查电杆根部、基础和拉线牢固，检查确认负荷侧变压器、电压互感器确已退出，熔断器确已断开，熔管已取下，待接引流线已空载，检查作业装置和现场环境符合带电作业条件	
2	履行工作许可手续	工作负责人按《配电带电作业工作票》内容与值班调控人员联系履行许可手续，在工作票上签字并记录许可时间	
3	布置工作现场，装设遮栏（围栏）和警告标志	工作负责人组织班组成员布置工作现场，安全围栏和出入口的设置应合理和规范，警告标志应齐全和明显，悬挂"在此工作、从此进出、施工现场以及车辆慢行或车辆绕行"标识牌	

序号	内容	要　　求	√
4	召开现场站班会，宣读工作票并履行确认手续	工作负责人召集工作人员召开现场站班会，对工作班成员进行危险点告知，交待工作任务，交待安全措施和技术措施，检查工作班成员精神状态良好，作业人员适合，确认每一个工作班成员都已知晓后，履行确认手续在工作票上签名	
5	现场检查工器具，空斗试操作斗臂车，做好作业前的准备工作	工作负责人组织班组成员按照任务分工布置工作现场，整理工具、材料，对安全用具、绝缘工具进行现场检查，做好作业前的准备工作。其中，对绝缘工具应使用绝缘检测仪进行分段绝缘检测，绝缘电阻值不低于700MΩ；查看绝缘斗臂车绝缘臂、绝缘斗良好，操作绝缘斗臂车进行空斗试操作等	
6	斗内作业人员进入绝缘斗，准备开始现场作业	斗内作业人员穿戴好绝缘防护用具，经工作负责人检查合格后，进入绝缘斗并将安全带保险钩系挂在斗内专用挂钩上，准备开始现场作业	
7	进入带电作业区域，开始现场作业工作	（1）获得工作负责人许可后，斗内电工操作绝缘斗臂车进入带电作业区域，开始现场作业工作	
		（2）工作负责人（或专责监护人）必须在工作现场行使监护职责，有效实施作业中的危险点、程序、质量和行为规范控制等	
		（3）绝缘斗臂车绝缘臂的有效绝缘长度应不小于1.0m，绝缘操作杆的有效绝缘长度应不小于0.7m	
		（4）斗内电工应保持对地不小于0.4m、对邻相导线不小于0.6m的安全距离，如不能确保该安全距离时，应采用绝缘遮蔽（隔离）措施，遮蔽用具之间的搭接部分不得小于150mm，遮蔽动作应轻缓和规范	
		（5）作业时严禁人体同时接触两个不同的电位体	
		（6）绝缘斗内双人作业时，禁止同时在不同相或不同电位作业	
8	按规定正确验电	获得工作负责人许可后，斗内电工操作绝缘斗臂车将绝缘斗调整至横担下侧适当位置，按规定使用验电器按照导线—绝缘子—横担—电杆的顺序进行验电，确认无漏电现象	
9	设置绝缘遮蔽（隔离）措施	获得工作负责人许可后，斗内电工斗内电工将绝缘斗调整至近边相导线外侧适当位置，按照"从近到远、从下到上、先带电体后接地体"的遮蔽原则对作业范围内的带电体及接地体进行绝缘遮蔽（隔离），其余两相绝缘遮蔽（隔离）按照相同方法进行。遮蔽（隔离）顺序应先两边相、再中间相	

序号	内容	要　　求	√
10	连接中间相熔断器上引线	（1）获得工作负责人许可后，斗内电工将绝缘斗调整至熔断器横担适当位置，用绝缘测杆测量三相引线长度，根据长度做好连接的准备工作	
		（2）斗内电工将绝缘斗调整到中间相导线适当位置，用清扫刷清除连接处导线上的氧化层	
		（3）斗内电工使用绝缘锁杆将熔断器上引线线头传送至主导线并临时固定	
		（4）斗内电工根据实际情况安装不同类型的接续线夹，连接牢固后撤除绝缘锁杆，恢复接续线夹处的绝缘及密封，恢复接续线夹处的绝缘遮蔽	
11	连接其余两边相熔断器上引线	按照相同的方法连接远边相和近边相引线。 注：三相熔断器引线的连接，可先中间相、后两边相，也可根据现场情况按照先远（外侧）、后近（内侧）的顺序，逐相进行	
12	工作完成，拆除绝缘遮蔽（隔离）措施	获得工作负责人许可后，斗内电工按照"从远到近、从上到下、先接地体后带电体"的原则依次拆除中间相、远边相和近边相绝缘遮蔽（隔离），检查无遗留物后，转移绝缘斗退出带电作业工作区域，返回地面	

3.5.3　作业后的终结阶段

序号	内容	要　　求	√
1	清理工具及现场	清点与整理工具、材料，清理现场做到工完料尽场地清	
2	召开现场收工会	工作总结与点评，宣布工作结束	
3	工作终结	工作负责人向值班调控人员联系工作结束，办理工作终结	
4	作业人员撤离现场	本项工作结束	

3.6　带电断引流线—分支线路引线

本作业项目：绝缘手套作业法（采用绝缘斗臂车作业）带电断引流线—分支线路引线，工作人员共计4名，包括工作负责人（兼工作监护人）1名、斗内电工（斗臂车作业）2名、地面电工1名。

3.6.1 作业前的准备阶段

序号	内容	要 求	√
1	现场勘察	确定工作范围、作业方式,明确线路名称、杆号和工作任务,确定是否停用重合闸	
2	编制作业指导书(卡)和危险点预控措施卡	明确执行有标准,操作有流程,安全有措施,现场作业关键环节、关键点风险管控分析到位、预控措施落实到位	
3	办理工作票	履行工作票制度,规范填写和签发《配电带电作业工作票》	
4	召开班前会	学习作业指导书,明确作业方法、作业标准、安全措施、人员组织和任务分工	
5	工具、材料准备	检查与清点工具、材料齐全,外观完好无损,预防性试验合格,分类装箱办理出入库手续	

3.6.2 现场作业阶段

序号	内容	要 求	√
1	现场复勘	工作负责人组织作业人员进行作业前现场复勘,核对线路名称和杆号,确认分支线路负荷侧变压器、电压互感器确已退出,待断引流线确已空载,检查作业装置和现场环境符合作业条件	
2	履行工作许可手续	工作负责人按《配电带电作业工作票》内容与值班调控人员联系履行许可手续,在工作票上签字并记录许可时间	
3	布置工作现场,装设遮栏(围栏)和警告标志	工作负责人组织班组成员布置工作现场,安全围栏和出入口的设置应合理和规范,警告标志应齐全和明显,悬挂"在此工作、从此进出、施工现场以及车辆慢行或车辆绕行"标识牌	
4	召开现场站班会,宣读工作票并履行确认手续	工作负责人召集工作人员召开现场站班会,对工作班成员进行危险点告知,交待工作任务,交待安全措施和技术措施,检查工作班成员精神状态良好,作业人员合适,确认每一个工作班成员都已知晓后,履行确认手续在工作票上签名	
5	现场检查工器具,空斗试操作斗臂车,做好作业前的准备工作	工作负责人组织班组成员按照任务分工布置工作现场,整理工具、材料,对安全用具、绝缘工具进行现场检查,做好作业前的准备工作。其中,对绝缘工具应使用绝缘检测仪进行分段绝缘检测,绝缘电阻值不低于700MΩ;查看绝缘斗臂车绝缘臂、绝缘斗良好,操作绝缘斗臂车进行空斗试操作等	

序号	内 容	要 求	√
6	斗内作业人员进入绝缘斗，准备开始现场作业	斗内作业人员穿戴好绝缘防护用具，经工作负责人检查合格后，进入绝缘斗并将安全带保险钩系挂在斗内专用挂钩上，准备开始现场作业	
7	进入带电作业区域，开始现场作业工作	（1）获得工作负责人许可后，斗内电工操作绝缘斗臂车进入带电作业区域，开始现场作业工作	
		（2）工作负责人（或专责监护人）必须在工作现场行使监护职责，有效实施作业中的危险点、程序、质量和行为规范控制等	
		（3）绝缘斗臂车绝缘臂的有效绝缘长度应不小于1.0m，绝缘操作杆的有效绝缘长度应不小于0.7m	
		（4）斗内电工应保持对地不小于0.4m、对邻相导线不小于0.6m的安全距离，如不能确保该安全距离时，应采用绝缘遮蔽（隔离）措施，遮蔽用具之间的搭接部分不得小于150mm，遮蔽动作应轻缓和规范	
		（5）作业时严禁人体同时接触两个不同的电位体	
		（6）绝缘斗内双人作业时，禁止同时在不同相或不同电位作业	
8	按规定正确验电	获得工作负责人许可后，斗内电工操作绝缘斗臂车将绝缘斗调整至横担外侧适当位置，按规定使用验电器按照导线—绝缘子—横担—电杆的顺序进行验电，确认无漏电现象，检测支接线路引线确已空载，符合拆除条件	
9	设置绝缘遮蔽（隔离）措施	获得工作负责人许可后，斗内电工斗内电工将绝缘斗调整至近边相导线外侧适当位置，按照"从近到远、从下到上、先带电体后接地体"的遮蔽原则对作业范围内的带电体及接地体进行绝缘遮蔽（隔离），其余两相绝缘遮蔽（隔离）按照相同方法进行。三相主导线和分支线路遮蔽（隔离）顺序应先两边相、再中间相	
10	拆除分支线路引线	（1）获得工作负责人许可后，斗内电工将绝缘斗调整到近边相导线外侧适当位置，使用绝缘锁杆将分支线路引线线头与主导线临时固定后，拆除接续线夹	
		（2）斗内电工转移绝缘斗位置，用绝缘锁杆将已断开的分支线路引线线头脱离主导线，临时固定在同相位支线导线上，如断开支线引线不需恢复，可在支线耐张线夹处剪断；如导线为绝缘线，引线拆除后应恢复主导线的绝缘及密封	

序号	内容	要 求	√
10	拆除分支线路引线	（3）拆除其余两相引线按相同方法进行。 注：拆除分支线路引线顺序可先两边相、再中间相，也可视现场情况由近（内侧）、到远（外侧）依次进行	
11	工作完成，拆除绝缘遮蔽（隔离）措施	获得工作负责人许可后，斗内电工按照"从远到近、从上到下、先接地体后带电体"的原则依次拆除中间相、远边相和近边相绝缘遮蔽（隔离），检查无遗留物后，转移绝缘斗退出带电作业工作区域，返回地面	

3.6.3 作业后的终结阶段

序号	内容	要 求	√
1	清理工具及现场	清点与整理工具、材料，清理现场做到工完料尽场地清	
2	召开现场收工会	工作总结与点评，宣布工作结束	
3	工作终结	工作负责人向值班调控人员联系工作结束，办理工作终结	
4	作业人员撤离现场	本项工作结束	

3.7 带电接引流线—分支线路引线

本作业项目：绝缘手套作业法（采用绝缘斗臂车作业）带电接引流线—分支线路引线，工作人员共计 4 名，包括工作负责人（兼工作监护人）1 名、斗内电工（斗臂车作业）2 名、地面电工 1 名。

3.7.1 作业前的准备阶段

序号	内容	要 求	√
1	现场勘察	确定工作范围、作业方式，明确线路名称、杆号和工作任务，确定是否停用重合闸	
2	编制作业指导书（卡）和危险点预控措施卡	明确执行有标准，操作有流程，安全有措施，现场作业关键环节、关键点风险管控分析到位、预控措施落实到位	

序号	内容	要　　　求	✓
3	办理工作票	履行工作票制度，规范填写和签发《配电带电作业工作票》	
4	召开班前会	学习作业指导书，明确作业方法、作业标准、安全措施、人员组织和任务分工	
5	工具、材料准备	检查与清点工具、材料齐全，外观完好无损，预防性试验合格，分类装箱办理出入库手续	

3.7.2　现场作业阶段

序号	内容	要　　　求	✓
1	现场复勘	工作负责人组织作业人员进行作业前现场复勘，现场核对线路名称和杆号，检查确认分支线路负荷侧变压器、电压互感器确已退出，检查确认无接地、线路无人工作、相位无误、绝缘良好符合送电条件，检查作业装置、现场环境符合带电作业条件	
2	履行工作许可手续	工作负责人按《配电带电作业工作票》内容与值班调控人员联系履行许可手续，在工作票上签字并记录许可时间	
3	布置工作现场，装设遮栏（围栏）和警告标志	工作负责人组织班组成员布置工作现场，安全围栏和出入口的设置应合理和规范，警告标志应齐全和明显，悬挂"在此工作、从此进出、施工现场以及车辆慢行或车辆绕行"标识牌	
4	召开现场站班会，宣读工作票并履行确认手续	工作负责人召集工作人员召开现场站班会，对工作班成员进行危险点告知，交待工作任务，交待安全措施和技术措施，检查工作班成员精神状态良好，作业人员合适，确认每一个工作班成员都已知晓后，履行确认手续在工作票上签名	
5	现场检查工器具，空斗试操作斗臂车，做好作业前的准备工作	工作负责人组织班组成员按照任务分工布置工作现场，整理工具、材料，对安全用具、绝缘工具进行现场检查，做好作业前的准备工作。其中，对绝缘工具应使用绝缘检测仪进行分段绝缘检测，绝缘电阻值不低于700MΩ；查看绝缘斗臂车绝缘臂、绝缘斗良好，操作绝缘斗臂车进行空斗试操作等	
6	斗内作业人员进入绝缘斗，准备开始现场作业	斗内作业人员穿戴好绝缘防护用具，经工作负责人检查合格后，进入绝缘斗并将安全带保险钩系挂在斗内专用挂钩上，准备开始现场作业	

序号	内容	要　　求	√
7	进入带电作业区域，开始现场作业工作	（1）获得工作负责人许可后，斗内电工操作绝缘斗臂车进入带电作业区域，开始现场作业工作	
		（2）工作负责人（或专责监护人）必须在工作现场行使监护职责，有效实施作业中的危险点、程序、质量和行为规范控制等	
		（3）绝缘斗臂车绝缘臂的有效绝缘长度应不小于1.0m，绝缘操作杆的有效绝缘长度应不小于0.7m	
		（4）斗内电工应保持对地不小于0.4m、对邻相导线不小于0.6m的安全距离，如不能确保该安全距离时，应采用绝缘遮蔽（隔离）措施，遮蔽用具之间的搭接部分不得小于150mm，遮蔽动作应轻缓和规范	
		（5）作业时严禁人体同时接触两个不同的电位体	
		（6）绝缘斗内双人作业时，禁止同时在不同相或不同电位作业	
8	按规定正确验电	获得工作负责人许可后，斗内电工操作绝缘斗臂车将绝缘斗调整至横担外侧适当位置，按规定使用验电器按照导线—绝缘子—横担—电杆的顺序进行验电，确认无漏电现象，检测支接线路引线确已空载，符合拆除条件	
9	设置绝缘遮蔽（隔离）措施	获得工作负责人许可后，斗内电工斗内电工将绝缘斗调整至近边相导线外侧适当位置，按照"从近到远、从下到上、先带电体后接地体"的遮蔽原则对作业范围内的带电体及接地体进行绝缘遮蔽（隔离），其余两相绝缘遮蔽（隔离）按照相同方法进行。遮蔽（隔离）顺序应先两边相、再中间相	
10	连接分支线路引线	（1）获得工作负责人许可后，斗内电工将绝缘斗调整至分支线路横担适当位置，用绝缘测杆测量三相待接引线长度，根据长度做好连接的准备工作	
		（2）斗内电工将绝缘斗调整到中间相导线适当位置，打开待接处绝缘遮蔽，用刷子清除连接处导线上的氧化层，如导线为绝缘线，应先剥除绝缘外皮再清除连接处导线上的氧化层	
		（3）配合使用绝缘锁杆将支接引线线头临时固定在主导线后，调整绝缘斗位置安装接续线夹，连接牢固后，恢复接续线夹处的绝缘及密封，恢复接续线夹处的绝缘遮蔽	

序号	内容	要 求	√
10	连接分支线路引线	（4）按照相同的方法连接远边相和近边相引线。 注：三相分支线路引线的连接，可先中间相、后远边相和近边相，也可根据现场情况按照先远（外侧）、后近（内侧）的顺序，逐相进行	
11	工作完成，拆除绝缘遮蔽（隔离）措施	获得工作负责人许可后，斗内电工按照"从远到近、从上到下、先接地体后带电体"的原则依次拆除中间相、远边相和近边相绝缘遮蔽（隔离），检查无遗留物后，转移绝缘斗退出带电作业工作区域，返回地面	

3.7.3 作业后的终结阶段

序号	内容	要 求	√
1	清理工具及现场	清点与整理工具、材料，清理现场做到工完料尽场地清	
2	召开现场收工会	工作总结与点评，宣布工作结束	
3	工作终结	工作负责人向值班调控人员联系工作结束，办理工作终结	
4	作业人员撤离现场	本项工作结束	

3.8 带电断引流线—耐张杆引线

本作业项目：绝缘手套作业法（采用绝缘斗臂车作业）带电断引流线—耐张杆引线，工作人员共计 4 名，包括工作负责人（兼工作监护人）1 名、斗内电工（斗臂车作业）2 名、地面电工 1 名。

3.8.1 作业前的准备阶段

序号	内容	要 求	√
1	现场勘察	确定工作范围、作业方式，明确线路名称、杆号和工作任务，确定是否停用重合闸	
2	编制作业指导书（卡）和危险点预控措施卡	明确执行有标准，操作有流程，安全有措施，现场作业关键环节、关键点风险管控分析到位、预控措施落实到位	

序号	内容	要　　求	√
3	办理工作票	履行工作票制度，规范填写和签发《配电带电作业工作票》	
4	召开班前会	学习作业指导书，明确作业方法、作业标准、安全措施、人员组织和任务分工	
5	工具、材料准备	检查与清点工具、材料齐全，外观完好无损，预防性试验合格，分类装箱办理出入库手续	

3.8.2　现场作业阶段

序号	内容	要　　求	√
1	现场复勘	工作负责人组织作业人员进行作业前现场复勘，现场核对线路名称和杆号，检查确认耐张引线负荷侧线路的变压器、电压互感器已退出，待断引流线确已空载，检查作业装置和现场环境符合带电作业条件	
2	履行工作许可手续	工作负责人按《配电带电作业工作票》内容与值班调控人员联系履行许可手续，在工作票上签字并记录许可时间	
3	布置工作现场，装设遮栏（围栏）和警告标志	工作负责人组织班组成员布置工作现场，安全围栏和出入口的设置应合理和规范，警告标志应齐全和明显，悬挂"在此工作、从此进出、施工现场以及车辆慢行或车辆绕行"标识牌	
4	召开现场站班会，宣读工作票并履行确认手续	工作负责人召集工作人员召开现场站班会，对工作班成员进行危险点告知，交待工作任务，交待安全措施和技术措施，检查工作班成员精神状态良好，作业人员合适，确认每一个工作班成员都已知晓后，履行确认手续在工作票上签名	
5	现场检查工器具，空斗试操斗臂车，做好作业前的准备工作	工作负责人组织班组成员按照任务分工布置工作现场，整理工具、材料，对安全用具、绝缘工具进行现场检查，做好作业前的准备工作。其中，对绝缘工具应使用绝缘检测仪进行分段绝缘检测，绝缘电阻值不低于700MΩ；查看绝缘斗臂车绝缘臂、绝缘斗良好，操作绝缘斗臂车进行空斗试操作等	
6	斗内作业人员进入绝缘斗，准备开始现场作业	斗内作业人员穿戴好绝缘防护具，经工作负责人检查合格后，进入绝缘斗并将安全带保险钩系挂在斗内专用挂钩上，准备开始现场作业	

序号	内容	要　　求	√
7	进入带电作业区域，开始现场作业工作	（1）获得工作负责人许可后，斗内电工操作绝缘斗臂车进入带电作业区域，开始现场作业工作	
		（2）工作负责人（或专责监护人）必须在工作现场行使监护职责，有效实施作业中的危险点、程序、质量和行为规范控制等	
		（3）绝缘斗臂车绝缘臂的有效绝缘长度应不小于1.0m，绝缘操作杆的有效绝缘长度应不小于0.7m	
		（4）斗内电工应保持对地不小于0.4m、对邻相导线不小于0.6m的安全距离，如不能确保该安全距离时，应采用绝缘遮蔽（隔离）措施，遮蔽用具之间的搭接部分不得小于150mm，遮蔽动作应轻缓和规范	
		（5）作业时严禁人体同时接触两个不同的电位体	
		（6）绝缘斗内双人作业时，禁止同时在不同相或不同电位作业	
8	按规定正确验电	操作绝缘斗臂车将绝缘斗调整至横担下侧适当位置，按规定使用验电器按照导线—绝缘子—横担—电杆的顺序进行验电，确认无漏电现象，检测线路引线确已空载，符合拆除条件	
9	设置绝缘遮蔽（隔离）措施	获得工作负责人许可后，斗内电工斗内电工将绝缘斗调整至近边相导线外侧适当位置，按照"从近到远、从下到上、先带电体后接地体"的遮蔽原则对作业范围内的带电体及接地体进行绝缘遮蔽（隔离），其余两相绝缘遮蔽（隔离）按照相同方法进行。遮蔽（隔离）顺序应先两边相、再中间相	
10	断开耐张线路引线	（1）获得工作负责人许可后，斗内电工将绝缘斗调整至近边相引线外侧适当位置，打开线夹处绝缘遮蔽，拆除接续线夹，将断开的引线分别固定在同相位导线上，恢复绝缘遮蔽	
		（2）按照相同的方法，依次断开远边相和中间相引线。注：如导线为绝缘线，拆开线夹后应恢复导线的绝缘及密封；拆除引线顺序可先两边相、再中间相，也可视现场情况由近（内侧）、到远（外侧）依次进行	
11	工作完成，拆除绝缘遮蔽（隔离）措施	获得工作负责人许可后，斗内电工按照"从远到近、从上到下、先接地体后带电体"的原则依次拆除中间相、远边相和近边相绝缘遮蔽（隔离），检查无遗留物后，转移绝缘斗退出带电作业工作区域，返回地面	

3.8.3　作业后的终结阶段

序号	内容	要　　求	√
1	清理工具及现场	清点与整理工具、材料，清理现场做到工完料尽场地清	
2	召开现场收工会	工作总结与点评，宣布工作结束	
3	工作终结	工作负责人向值班调控人员联系工作结束，办理工作终结	
4	作业人员撤离现场	本项工作结束	

3.9　带电接引流线—耐张杆引线

本作业项目：绝缘手套作业法（采用绝缘斗臂车作业）带电接引流线—耐张杆引线，工作人员共计 4 名，包括工作负责人（兼工作监护人）1 名、斗内电工（斗臂车作业）2 名、地面电工 1 名。

3.9.1　作业前的准备阶段

序号	内容	要　　求	√
1	现场勘察	确定工作范围、作业方式，明确线路名称、杆号和工作任务，确定是否停用重合闸	
2	编制作业指导书（卡）和危险点预控措施卡	明确执行有标准，操作有流程，安全有措施，现场作业关键环节、关键点风险管控分析到位、预控措施落实到位	
3	办理工作票	履行工作票制度，规范填写和签发《配电带电作业工作票》	
4	召开班前会	学习作业指导书，明确作业方法、作业标准、安全措施、人员组织和任务分工	
5	工具、材料准备	检查与清点工具、材料齐全，外观完好无损，预防性试验合格，分类装箱办理出入库手续	

3.9.2 现场作业阶段

序号	内容	要　　求	√
1	现场复勘	工作负责人组织作业人员进行作业前现场复勘，现场核对线路名称和杆号，检查确认耐张杆引线负荷侧线路的变压器、电压互感器确已退出，检查确认无接地、线路无人工作、相位无误、绝缘良好符合送电条件，检查作业装置和现场环境符合带电作业条件	
2	履行工作许可手续	工作负责人按《配电带电作业工作票》内容与值班调控人员联系履行许可手续，在工作票上签字并记录许可时间	
3	布置工作现场，装设遮栏（围栏）和警告标志	工作负责人组织班组成员布置工作现场，安全围栏和出入口的设置应合理和规范，警告标志应齐全和明显，悬挂"在此工作、从此进出、施工现场以及车辆慢行或车辆绕行"标识牌	
4	召开现场站班会，宣读工作票并履行确认手续	工作负责人召集工作人员召开现场站班会，对工作班成员进行危险点告知，交待工作任务，交待安全措施和技术措施，检查工作班成员精神状态良好，作业人员合适，确认每一个工作班成员都已知晓后，履行确认手续在工作票上签名	
5	现场检查工器具，空斗试操作斗臂车，做好作业前的准备工作	工作负责人组织班组成员按照任务分工布置工作现场，整理工具、材料，对安全用具、绝缘工具进行现场检查，做好作业前的准备工作。其中，对绝缘工具应使用绝缘检测仪进行分段绝缘检测，绝缘电阻值不低于 700MΩ；查看绝缘斗臂车绝缘臂、绝缘斗良好，操作绝缘斗臂车进行空斗试操作等	
6	斗内作业人员进入绝缘斗，准备开始现场作业	斗内作业人员穿戴好绝缘防护用具，经工作负责人检查合格后，进入绝缘斗并将安全带保险钩系挂在斗内专用挂钩上，准备开始现场作业	
7	进入带电作业区域，开始现场作业工作	（1）获得工作负责人许可后，斗内电工操作绝缘斗臂车进入带电作业区域，开始现场作业工作	
		（2）工作负责人（或专责监护人）必须在工作现场行使监护职责，有效实施作业中的危险点、程序、质量和行为规范控制等	
		（3）绝缘斗臂车绝缘臂的有效绝缘长度应不小于1.0m，绝缘操作杆的有效绝缘长度应不小于 0.7m	
		（4）斗内电工应保持对地不小于 0.4m、对邻相导线不小于 0.6m 的安全距离，如不能确保该安全距离时，应采用绝缘遮蔽（隔离）措施，遮蔽用具之间的搭接部分不得小于 150mm，遮蔽动作应轻缓和规范	

序号	内容	要　　求	√
7	进入带电作业区域，开始现场作业工作	（5）作业时严禁人体同时接触两个不同的电位体	
		（6）绝缘斗内双人作业时，禁止同时在不同相或不同电位作业	
8	按规定正确验电	操作绝缘斗臂车将绝缘斗调整至横担下侧适当位置，按规定使用验电器按照导线—绝缘子—横担—电杆的顺序进行验电，确认无漏电现象	
9	设置绝缘遮蔽（隔离）措施	获得工作负责人许可后，斗内电工斗内电工将绝缘斗调整至近边相导线外侧适当位置，按照"从近到远、从下到上、先带电体后接地体"的遮蔽原则对作业范围内的带电体及接地体进行绝缘遮蔽（隔离），其余两相绝缘遮蔽（隔离）按照相同方法进行。遮蔽（隔离）顺序应先两边相、再中间相，依次对导线、引线、耐张线夹、绝缘子以及横担进行绝缘遮蔽	
10	连接耐张线路引线	（1）获得工作负责人许可后，斗内电工将绝缘斗调整至横担适当位置，用绝缘测杆测量三相待接引线长度，根据长度做好连接的准备工作	
		（2）斗内电工将绝缘斗调整至线路无电侧，将中间相无电侧引线固定在支持绝缘子上，恢复绝缘遮蔽，两边相引线临时固定好	
		（3）斗内电工将绝缘斗调整至中间相带电侧导线适当位置，打开待接处绝缘遮蔽，并分别对导线、引线用刷子清除搭接处导线上的氧化层。如导线（引线）为绝缘线，应先剥除绝缘外皮再清除连接处导线（引线）上的氧化层	
		（4）搭接中间相引线，安装接续线夹，连接牢固后，恢复接续线夹处的绝缘及密封，恢复接续线夹处的绝缘遮蔽	
		（5）按照相同的方法连接远边相和近边相引线。 注：三相引线的连接，可先中间相、后远边相和近边相，也可根据现场情况按照先远（外侧）、后近（内侧）的顺序，逐相进行	
11	工作完成，拆除绝缘遮蔽（隔离）措施	获得工作负责人许可后，斗内电工按照"从远到近、从上到下、先接地体后带电体"的原则依次拆除中间相、远边相和近边相绝缘遮蔽（隔离），检查无遗留物后，转移绝缘斗退出带电作业工作区域，返回地面	

3.9.3 作业后的终结阶段

序号	内容	要 求	√
1	清理工具及现场	清点与整理工具、材料，清理现场做到工完料尽场地清	
2	召开现场收工会	工作总结与点评，宣布工作结束	
3	工作终结	工作负责人向值班调控人员联系工作结束，办理工作终结	
4	作业人员撤离现场	本项工作结束	

3.10 带电更换熔断器

本作业项目：绝缘手套作业法（采用绝缘斗臂车作业）带电更换熔断器，工作人员共计 4 名，包括工作负责人（兼工作监护人）1 名、斗内电工（斗臂车作业）2 名、地面电工 1 名。

3.10.1 作业前的准备阶段

序号	内容	要 求	√
1	现场勘察	确定工作范围、作业方式，明确线路名称、杆号和工作任务，确定是否停用重合闸	
2	编制作业指导书（卡）和危险点预控措施卡	明确执行有标准，操作有流程，安全有措施，现场作业关键环节、关键点风险管控分析到位、预控措施落实到位	
3	办理工作票	履行工作票制度，规范填写和签发《配电带电作业工作票》	
4	召开班前会	学习作业指导书，明确作业方法、作业标准、安全措施、人员组织和任务分工	
5	工具、材料准备	检查与清点工具、材料齐全，外观完好无损，预防性试验合格，分类装箱办理出入库手续	

3.10.2　现场作业阶段

序号	内容	要　　求	√
1	现场复勘	工作负责人组织作业人员进行作业前现场复勘，现场核对线路名称和杆号，检查确认跌落式熔断器确已断开，熔管已取下，检查作业装置和现场环境符合带电作业条件	
2	履行工作许可手续	工作负责人按《配电带电作业工作票》内容与值班调控人员联系履行许可手续，在工作票上签字并记录许可时间	
3	布置工作现场，装设遮栏（围栏）和警告标志	工作负责人组织班组成员布置工作现场，安全围栏和出入口的设置应合理和规范，警告标志应齐全和明显，悬挂"在此工作、从此进出、施工现场以及车辆慢行或车辆绕行"标识牌	
4	召开现场站班会，宣读工作票并履行确认手续	工作负责人召集工作人员召开现场站班会，对工作班成员进行危险点告知，交待工作任务，交待安全措施和技术措施，检查工作班成员精神状态良好，作业人员合适，确认每一个工作班成员都已知晓后，履行确认手续在工作票上签名	
5	现场检查工器具，空斗试操作斗臂车，做好作业前的准备工作	工作负责人组织班组成员按照任务分工布置工作现场，整理工具、材料，对安全用具、绝缘工具进行现场检查，做好作业前的准备工作。其中，对绝缘工具应使用绝缘检测仪进行分段绝缘检测，绝缘电阻值不低于 700MΩ；查看绝缘斗臂车绝缘臂、绝缘斗良好，操作绝缘斗臂车进行空斗试操作等；检查新熔断器的机电性能良好	
6	斗内作业人员进入绝缘斗，准备开始现场作业	斗内作业人员穿戴好绝缘防护用具，经工作负责人检查合格后，进入绝缘斗并将安全带保险钩系挂在斗内专用挂钩上，准备开始现场作业	
7	进入带电作业区域，开始现场作业工作	（1）获得工作负责人许可后，斗内电工操作绝缘斗臂车进入带电作业区域，开始现场作业工作	
		（2）工作负责人（或专责监护人）必须在工作现场行使监护职责，有效实施作业中的危险点、程序、质量和行为规范控制等	
		（3）绝缘斗臂车绝缘臂的有效绝缘长度应不小于1.0m，绝缘操作杆的有效绝缘长度应不小于 0.7m	

序号	内容	要　　求	√
7	进入带电作业区域，开始现场作业工作	（4）斗内电工应保持对地不小于 0.4m、对邻相导线不小于 0.6m 的安全距离，如不能确保该安全距离时，应采用绝缘遮蔽（隔离）措施，遮蔽用具之间的搭接部分不得小于 150mm，遮蔽动作应轻缓和规范	
		（5）作业时严禁人体同时接触两个不同的电位体	
		（6）绝缘斗内双人作业时，禁止同时在不同相或不同电位作业	
8	按规定正确验电	获得工作负责人许可后，操作绝缘斗臂车将绝缘斗调整至三相熔断器外侧适当位置，按规定使用验电器按照上引线—熔断器—绝缘子—横担—电杆的顺序进行验电，确认无漏电现象	
9	设置绝缘遮蔽（隔离）措施	获得工作负责人许可后，斗内电工将绝缘斗调整至三相熔断器上引线外侧适当位置，在熔断器之间加装相间绝缘隔离挡板后，按照"从近到远、从下到上、先带电体后接地体"的遮蔽原则对作业范围内的带电体及接地体进行绝缘遮蔽（隔离），其余两相绝缘遮蔽（隔离）按照相同方法进行。遮蔽（隔离）顺序应先两边相、再中间相	
10	更换熔断器	（1）获得工作负责人许可后，斗内电工在中间相熔断器外侧打开绝缘遮蔽，拆除熔断器上桩头引线螺栓，将熔断器上引线端头可靠固定在同相上引线上（或用绝缘锁杆固定在主导线上），恢复上引线绝缘遮蔽	
		（2）斗内电工拆除熔断器下桩头引线螺栓，在地面电工的配合下更换熔断器	
		（3）斗内电工对新安装熔断器进行分合情况检查，最后将熔断器置于拉开位置，连接好熔断器下引线	
		（4）斗内电工将绝缘斗调整到中间相熔断器上引线外侧合适位置，打开绝缘遮蔽，将熔断器上桩头引线螺栓连接好，恢复中间相绝缘遮蔽	
		（5）其余两相熔断器的更换按相同方法进行。注：三相熔断器的更换，可先中间相、后两边相，也可根据现场情况按照先远（外侧）、后近（内侧）的顺序，逐相进行	
11	工作完成，拆除绝缘遮蔽（隔离）措施	获得工作负责人许可后，斗内电工按照"从远到近、从上到下、先接地体后带电体"的原则依次拆除中间相、远边相和近边相绝缘遮蔽（隔离），检查无遗留物后，转移绝缘斗退出带电作业工作区域，返回地面	

3.10.3 作业后的终结阶段

序号	内容	要　　求	√
1	清理工具及现场	清点与整理工具、材料，清理现场做到工完料尽场地清	
2	召开现场收工会	工作总结与点评，宣布工作结束	
3	工作终结	工作负责人向值班调控人员联系工作结束，办理工作终结	
4	作业人员撤离现场	本项工作结束	

3.11　带电更换直线杆绝缘子

本作业项目：绝缘手套作业法（采用绝缘斗臂车作业）带电更换直线杆绝缘子，工作人员共计 4 名，包括工作负责人（兼工作监护人）1 名、斗内电工（斗臂车作业）2 名、地面电工 1 名。

3.11.1　作业前的准备阶段

序号	内容	要　　求	√
1	现场勘察	确定工作范围、作业方式，明确线路名称、杆号和工作任务，确定是否停用重合闸	
2	编制作业指导书（卡）和危险点预控措施卡	明确执行有标准，操作有流程，安全有措施，现场作业关键环节、关键点风险管控分析到位、预控措施落实到位	
3	办理工作票	履行工作票制度，规范填写和签发《配电带电作业工作票》	
4	召开班前会	学习作业指导书，明确作业方法、作业标准、安全措施、人员组织和任务分工	
5	工具、材料准备	检查与清点工具、材料齐全，外观完好无损，预防性试验合格，分类装箱办理出入库手续	

3.11.2 现场作业阶段

序号	内容	要　　求	√
1	现场复勘	工作负责人组织作业人员进行作业前现场复勘,现场核对线路名称和杆号,检查作业点及两侧的电杆根部、基础、导线固结牢固,检查作业装置和现场环境符合带电作业条件	
2	履行工作许可手续	工作负责人按《配电带电作业工作票》内容与值班调控人员联系履行许可手续,在工作票上签字并记录许可时间	
3	布置工作现场,装设遮栏(围栏)和警告标志	工作负责人组织班组成员布置工作现场,安全围栏和出入口的设置应合理和规范,警告标志应齐全和明显,悬挂"在此工作、从此进出、施工现场以及车辆慢行或车辆绕行"标识牌	
4	召开现场站班会,宣读工作票并履行确认手续	工作负责人召集工作人员召开现场站班会,对工作班成员进行危险点告知,交待工作任务,交待安全措施和技术措施,检查工作班成员精神状态良好,作业人员合适,确认每一个工作班成员都已知晓后,履行确认手续在工作票上签名	
5	现场检查工器具,空斗试操作斗臂车,做好作业前的准备工作	工作负责人组织班组成员按照任务分工布置工作现场,整理工具、材料,对安全用具、绝缘工具进行现场检查,做好作业前的准备工作。其中,对绝缘工具应使用绝缘检测仪进行分段绝缘检测,绝缘电阻值不低于 $700M\Omega$;查看绝缘斗臂车绝缘臂、绝缘斗良好,操作绝缘斗臂车进行空斗试操作等;检查新绝缘子的机电性能良好	
6	斗内作业人员进入绝缘斗,准备开始现场作业	斗内作业人员穿戴好绝缘防护用具,经工作负责人检查合格后,进入绝缘斗并将安全带保险钩系挂在斗内专用挂钩上,准备开始现场作业	
7	进入带电作业区域,开始现场作业工作	(1)获得工作负责人许可后,斗内电工操作绝缘斗臂车进入带电作业区域,开始现场作业工作	
		(2)工作负责人(或专责监护人)必须在工作现场行使监护职责,有效实施作业中的危险点、程序、质量和行为规范控制等。	
		(3)绝缘斗臂车绝缘臂的有效绝缘长度应不小于 1.0m,绝缘操作杆的有效绝缘长度应不小于 0.7m	
		(4)斗内电工应保持对地不小于 0.4m、对邻相导线不小于 0.6m 的安全距离,如不能确保该安全距离时,应采用绝缘遮蔽(隔离)措施,遮蔽用具之间的搭接部分不得小于150mm,遮蔽动作应轻缓和规范	

序号	内容	要　　求	√
7	进入带电作业区域，开始现场作业工作	（5）作业时严禁人体同时接触两个不同的电位体	
		（6）绝缘斗内双人作业时，禁止同时在不同相或不同电位作业	
8	按规定正确验电	获得工作负责人许可后，操作绝缘斗臂车将绝缘斗调整至横担外侧适当位置，按规定使用验电器按照导线—绝缘子—横担—电杆的顺序进行验电，确认无漏电现象	
9	设置绝缘遮蔽（隔离）措施	获得工作负责人许可后，斗内2号电工将绝缘斗调整至近边相导线外侧适当位置，斗内1号电工按照"从近到远、从下到上、先带电体后接地体"的遮蔽原则对作业范围内的带电体及接地体进行绝缘遮蔽（隔离），其余两相绝缘遮蔽（隔离）按照相同方法进行。遮蔽（隔离）顺序应先两边相、再中间相。更换中间相绝缘子应将三相导线、横担及杆顶部分进行绝缘遮蔽	
10	更换绝缘子（绝缘小吊臂法）	（1）获得工作负责人许可后，斗内2号电工调整绝缘斗及小吊臂至合适位置，斗内1号电工将绝缘斗臂车小吊臂吊钩可靠固定中间相导线遮蔽罩	
		（2）斗内2号电工监护1号电工拆除绝缘子扎线部位的绝缘遮蔽，拆除时不准擅自脱掉绝缘手套	
		（3）斗内2号监护电工1号电工拆除绝缘子绑扎线，斗内2号电工操作绝缘小吊臂缓慢起升导线至0.4m以上，在导线脱离绝缘子后，斗内1号电工应将导线两侧导线遮蔽罩进行搭接后再提升导线	
		（4）斗内2号电工监护1号电工拆除拆除绝缘子绝缘遮蔽，更换新绝缘子后，恢复新绝缘子底部的绝缘遮蔽	
		（5）斗内1号电工将导线两侧导线遮蔽罩重叠打开，斗内2号电工缓慢降落导线，使导线落入绝缘子顶槽内	
		（6）斗内2号电工监护1号电工使用绝缘子绑扎线将导线与绝缘子固定牢固，剪去多余的绑扎线，恢复绝缘遮蔽	
		（7）导线可靠固定后，斗内1号电工拆除吊钩，更换中间相直线绝缘子工作完毕	
		（8）其余两相绝缘子的更换按相同方法进行	

序号	内容	要　　求	√
11	工作完成，拆除绝缘遮蔽（隔离）措施	获得工作负责人许可后，斗内 1 号电工到达合适位置，与 2 号电工配合按照"从远到近、从上到下、先接地体后带电体"的原则依次拆除中间相、远边相和近边相绝缘遮蔽（隔离），检查无遗留物后，转移绝缘斗退出带电作业工作区域，返回地面	

3.11.3　作业后的终结阶段

序号	内容	要　　求	√
1	清理工具及现场	清点与整理工具、材料，清理现场做到工完料尽场地清	
2	召开现场收工会	工作总结与点评，宣布工作结束	
3	工作终结	工作负责人向值班调控人员联系工作结束，办理工作终结	
4	作业人员撤离现场	本项工作结束	

注：本项目更换直线杆绝缘子时，包括导线呈三角形排列和采用水平排列的直线杆绝缘子的更换：

（1）可采用上述的绝缘斗臂车小吊臂法，也可采用绝缘支杆法进行更换（包括采用绝缘斗臂车用带有绝缘撑杆的三相临时支撑横担法，或采用安装在电杆上的带有绝缘撑杆的三相临时支撑横担法），但不推荐通过导线遮蔽罩及横担遮蔽罩的双重绝缘将导线放置在横担上进行更换直线杆绝缘子，同时也严禁用绝缘斗臂车的工作斗支撑导线。

（2）导线升起高度距绝缘子顶部应不小于 0.4m。

（3）拆除（或绑扎）绝缘子绑扎线时应边拆（绑）边卷（展），绑扎线的展放长度不得大于 0.1m，绑扎完毕后应剪掉多余部分。

3.12　带电更换直线杆绝缘子及横担

本作业项目：绝缘手套作业法（采用绝缘斗臂车作业）带电更换直线杆绝缘子及横担，工作人员共计 4 名，包括工作负责人（兼工作监护人）1 名、斗内电工（斗臂车作业）2 名、地面电工 1 名。

3.12.1 作业前的准备阶段

序号	内容	要　　求	√
1	现场勘察	确定工作范围、作业方式，明确线路名称、杆号和工作任务，确定是否停用重合闸	
2	编制作业指导书（卡）和危险点预控措施卡	明确执行有标准，操作有流程，安全有措施，现场作业关键环节、关键点风险管控分析到位、预控措施落实到位	
3	办理工作票	履行工作票制度，规范填写和签发《配电带电作业工作票》	
4	召开班前会	学习作业指导书，明确作业方法、作业标准、安全措施、人员组织和任务分工	
5	工具、材料准备	检查与清点工具、材料齐全，外观完好无损，预防性试验合格，分类装箱办理出入库手续	

3.12.2 现场作业阶段

序号	内容	要　　求	√
1	现场复勘	工作负责人组织作业人员进行作业前现场复勘，现场核对线路名称和杆号，检查作业点及两侧的电杆根部、基础、导线固结牢固，检查作业装置和现场环境符合带电作业条件	
2	履行工作许可手续	工作负责人按《配电带电作业工作票》内容与值班调控人员联系履行许可手续，在工作票上签字并记录许可时间	
3	布置工作现场，装设遮栏（围栏）和警告标志	工作负责人组织班组成员布置工作现场，安全围栏和出入口的设置应合理和规范，警告标志应齐全和明显，悬挂"在此工作、从此进出、施工现场以及车辆慢行或车辆绕行"标识牌	
4	召开现场站班会，宣读工作票并履行确认手续	工作负责人召集工作人员召开现场站班会，对工作班成员进行危险点告知，交待工作任务，交待安全措施和技术措施，检查工作班成员精神状态良好，作业人员合适，确认每一个工作班成员都已知晓后，履行确认手续在工作票上签名	
5	现场检查工器具，空斗试操作斗臂车，做好作业前的准备工作	工作负责人组织班组成员按照任务分工布置工作现场，整理工具、材料，对安全用具、绝缘工具进行现场检查，做好作业前的准备工作。其中，对绝缘工具应使用绝缘检测仪进行分段绝缘检测，绝缘电阻值不低于700MΩ；查看绝缘斗臂车绝缘臂、绝缘斗良好，操作绝缘斗臂车进行空斗试操作等；检查新绝缘子的机电性能良好	

序号	内容	要　　求	√
6	斗内作业人员进入绝缘斗，准备开始现场作业	斗内作业人员穿戴好绝缘防护用具，经工作负责人检查合格后，进入绝缘斗并将安全带保险钩系挂在斗内专用挂钩上，准备开始现场作业	
7	进入带电作业区域，开始现场作业工作	（1）获得工作负责人许可后，斗内电工操作绝缘斗臂车进入带电作业区域，开始现场作业工作	
		（2）工作负责人（或专责监护人）必须在工作现场行使监护职责，有效实施作业中的危险点、程序、质量和行为规范控制等	
		（3）绝缘斗臂车绝缘臂的有效绝缘长度应不小于1.0m，绝缘操作杆的有效绝缘长度应不小于0.7m	
		（4）斗内电工应保持对地不小于0.4m、对邻相导线不小于0.6m的安全距离，如不能确保该安全距离时，应采用绝缘遮蔽（隔离）措施，遮蔽用具之间的搭接部分不得小于150mm，遮蔽动作应轻缓和规范	
		（5）作业时严禁人体同时接触两个不同的电位体	
		（6）绝缘斗内双人作业时，禁止同时在不同相或不同电位作业	
8	按规定正确验电	获得工作负责人许可后，操作绝缘斗臂车将绝缘斗调整至横担外侧适当位置，按规定使用验电器按照导线—绝缘子—横担—电杆的顺序进行验电，确认无漏电现象	
9	设置绝缘遮蔽（隔离）措施	获得工作负责人许可后，斗内2号电工将绝缘斗调整至近边相导线外侧适当位置，斗内1号电工按照"从近到远、从下到上、先带电体后接地体"的遮蔽原则对作业范围内的带电体及接地体进行绝缘遮蔽（隔离），其余两相绝缘遮蔽（隔离）按照相同方法进行。遮蔽（隔离）顺序应先两边相、再中间相	
10	安装绝缘横担	获得工作负责人许可后，地面电工将绝缘横担传递给斗内电工，斗内1号和2号电工相互配合，在电杆上高出横担约0.4m的位置安装绝缘横担	
		注：对于导线呈三角形排列的直线杆绝缘子及横担的更换，可采用待更换横担上方安装临时绝缘横担法	

序号	内容	要 求	√
11	两边相导线置于绝缘横担的固定槽内并可靠固定	（1）获得工作负责人许可后，斗内 2 号电工将绝缘斗调整至近边相外侧适当位置，配合斗内 1 号电工使用绝缘小吊绳固定导线，收紧绝缘小吊绳使其受力	
		（2）斗内 1 号电工拆除绝缘子绑扎线，斗内 2 号电工调整绝缘小吊臂提升导线使近边相导线置于绝缘横担上的固定槽内可靠固定	
		（3）按照相同的方法将远边相导线置于绝缘横担的固定槽内并可靠固定	
12	拆除旧绝缘子及横担，安装新绝缘子及横担	获得工作负责人许可后，斗内 2 号电工转移绝缘斗至合适作业位置，配合斗内 1 号电工拆除旧绝缘子及横担，安装新绝缘子及横担，并对新安装绝缘子及横担设置绝缘遮蔽（隔离）措施	
13	固定远边相导线	获得工作负责人的许可后，斗内 2 号电工调整绝缘斗至远边相外侧适当位置，配合斗内 1 号电工使用绝缘小吊绳将远边相导线缓缓放入新绝缘子顶槽内，使用帮扎线固定后，恢复绝缘遮蔽	
14	固定近边相导线	获得工作负责人的许可后，斗内电工相互配合，按照与远边相相同的方法固定近边相导线	
15	拆除绝缘横担	获得工作负责人许可后，斗内 2 号电工转移绝缘斗至合适的作业位置，配合斗内 1 号电工拆除杆上临时绝缘支撑横担	
16	工作完成，拆除绝缘遮蔽（隔离）措施	获得工作负责人许可后，斗内 1 号电工到达合适位置，与 2 号电工配合，按照"从远到近、从上到下、先接地体后带电体"的原则依次拆除中间相、远边相和近边相绝缘遮蔽（隔离），检查无遗留物后，转移绝缘斗退出带电作业工作区域，返回地面	

3.12.3 作业后的终结阶段

序号	内容	要 求	√
1	清理工具及现场	清点与整理工具、材料，清理现场做到工完料尽场地清	
2	召开现场收工会	工作总结与点评，宣布工作结束	
3	工作终结	工作负责人向值班调控人员联系工作结束，办理工作终结	
4	作业人员撤离现场	本项工作结束	

注：对于导线呈三角形排列的直线杆绝缘子及横担的更换，可采用上述的临时绝缘横担法。而对于导线采用水平排列的直线杆绝缘子及横担的更换，可采用绝缘斗臂车用带有绝缘

撑杆的三相临时支撑横担法，或采用安装在电杆上的、带有绝缘撑杆的三相临时支撑横担法进行更换。以下为采用绝缘斗臂车用三相临时支撑横担法的主要操作步骤：

（1）斗内电工设置好绝缘遮蔽（隔离）措施后，操作绝缘斗返回地面，在地面电工协助下将带有绝缘撑杆的三相临时支撑横担安装在吊臂上，操作绝缘斗返回至合适作业位置准备支撑导线。

（2）斗内电工调整吊臂使三相导线分别置于支撑横担上的滑轮内，然后加上保险。

（3）斗内电工操作将绝缘撑杆缓缓上升，使绝缘撑杆受力。拆除导线绑扎线，缓缓支撑起三相导线，提升高度应不少于 0.4m。

（4）斗内电工在地面电工的配合下更换直线横担，安装新绝缘子，恢复绝缘遮蔽（隔离）措施。

（5）斗内电工操作绝缘撑杆缓缓下降，使中相导线下降至中相绝缘子顶槽内，用绑扎线固定后，按照相同的方法分别固定两边相导线。

（6）斗内电工打开三相滑轮保险后，下降绝缘撑杆，使三相临时支撑横担缓缓脱离导线。

（7）工作完成，拆除绝缘遮蔽（隔离）措施，退出带电作业工作区域，返回地面。

3.13 带电更换耐张杆绝缘子串

本作业项目：绝缘手套作业法（采用绝缘斗臂车作业）带电更换耐张杆绝缘子串，工作人员共计 4 名，包括工作负责人（兼工作监护人）1 名、斗内电工（斗臂车作业）2 名、地面电工 1 名。

3.13.1 作业前的准备阶段

序号	内容	要　　求	√
1	现场勘察	确定工作范围、作业方式，明确线路名称、杆号和工作任务，确定是否停用重合闸	
2	编制作业指导书（卡）和危险点预控措施卡	明确执行有标准，操作有流程，安全有措施，现场作业关键环节、关键点风险管控分析到位、预控措施落实到位	
3	办理工作票	履行工作票制度，规范填写和签发《配电带电作业工作票》	
4	召开班前会	学习作业指导书，明确作业方法、作业标准、安全措施、人员组织和任务分工	
5	工具、材料准备	检查与清点工具、材料齐全，外观完好无损，预防性试验合格，分类装箱办理出入库手续	

3.13.2 现场作业阶段

序号	内容	要　　求	√
1	现场复勘	工作负责人组织作业人员进行作业前现场复勘，现场核对线路名称和杆号，检查作业点及两侧的电杆根部、基础、导线固结牢固，检查作业装置和现场环境符合带电作业条件	
2	履行工作许可手续	工作负责人按《配电带电作业工作票》内容与值班调控人员联系履行许可手续，在工作票上签字并记录许可时间	
3	布置工作现场，装设遮栏（围栏）和警告标志	工作负责人组织班组成员布置工作现场，安全围栏和出入口的设置应合理和规范，警告标志应齐全和明显，悬挂"在此工作、从此进出、施工现场以及车辆慢行或车辆绕行"标识牌	
4	召开现场站班会，宣读工作票并履行确认手续	工作负责人召集工作人员召开现场站班会，对工作班成员进行危险点告知，交待工作任务，交待安全措施和技术措施，检查工作班成员精神状态良好，作业人员合适，确认每一个工作班成员都已知晓后，履行确认手续在工作票上签名	
5	现场检查工器具，空斗试操作斗臂车，做好作业前的准备工作	工作负责人组织班组成员按照任务分工布置工作现场，整理工具、材料，对安全用具、绝缘工具进行现场检查，做好作业前的准备工作。其中，对绝缘工具应使用绝缘检测仪进行分段绝缘检测，绝缘电阻值不低于 700MΩ；查看绝缘斗臂车绝缘臂、绝缘斗良好，操作绝缘斗臂车进行空斗试操作等；检查新绝缘子的机电性能良好	
6	斗内作业人员进入绝缘斗，准备开始现场作业	斗内作业人员穿戴好绝缘防护用具，经工作负责人检查合格后，进入绝缘斗并将安全带保险钩系挂在斗内专用挂钩上，准备开始现场作业	
7	进入带电作业区域，开始现场作业工作	（1）获得工作负责人许可后，斗内电工操作绝缘斗臂车进入带电作业区域，开始现场作业工作	
		（2）工作负责人（或专责监护人）必须在工作现场行使监护职责，有效实施作业中的危险点、程序、质量和行为规范控制等	
		（3）绝缘斗臂车绝缘臂的有效绝缘长度应不小于 1.0m，绝缘操作杆的有效绝缘长度应不小于 0.7m	
		（4）斗内电工应保持对地不小于 0.4m、对邻相导线不小于 0.6m 的安全距离，如不能确保该安全距离时，应采用绝缘遮蔽（隔离）措施，遮蔽用具之间的搭接部分不得小于 150mm，遮蔽动作应轻缓和规范	

序号	内容	要 求	√
7	进入带电作业区域，开始现场作业工作	（5）作业时严禁人体同时接触两个不同的电位体	
		（6）绝缘斗内双人作业时，禁止同时在不同相或不同电位作业	
8	按规定正确验电	获得工作负责人许可后，操作绝缘斗臂车将绝缘斗调整至横担外侧适当位置，按规定使用验电器按照导线—绝缘子—横担—电杆的顺序进行验电，确认无漏电现象	
9	设置绝缘遮蔽（隔离）措施	获得工作负责人许可后，斗内 2 号电工将绝缘斗调整至近边相导线外侧适当位置，斗内 1 号电工按照"从近到远、从下到上、先带电体后接地体"的遮蔽原则对作业范围内的带电体及接地体进行绝缘遮蔽（隔离），其余两相绝缘遮蔽（隔离）按照相同方法进行。遮蔽（隔离）顺序应先两边相、再中间相，依次对导线、引线、耐张线夹、绝缘子及横担进行绝缘遮蔽	
10	安装绝缘紧线器及后备保护绳并收紧导线	（1）获得工作负责人许可后，斗内电工调整绝缘斗至近边相导线外侧适当位置，将绝缘绳套可靠固定在耐张横担上（或将绝缘拉杆、绝缘联板安装在耐张横担上），相互配合安装绝缘紧线器并缓慢收紧导线，直至耐张绝缘子串处在合适的松弛状态	
		（2）斗内电工在紧线器外侧加装作为后备保护用的绝缘绳套并拉紧固定	
		（3）恢复横担上的绝缘遮蔽（隔离）措施	
11	更换近边相耐张绝缘子串	（1）获得工作负责人许可后，斗内电工将绝缘斗调整到合适位置，相互配合更换耐张绝缘子串	
		（2）斗内电工手扶耐张绝缘子，将耐张线夹与耐张绝缘子连接螺栓拔除，使两者脱离后，恢复耐张线夹处的绝缘遮蔽（隔离）	
		（3）斗内电工拆除旧耐张绝缘子，安装新耐张绝缘子，对新安装耐张绝缘子进行绝缘遮蔽（隔离）	
		（4）斗内电工将耐张线夹与耐张绝缘子连接螺栓安装好，确认连接可靠后恢复绝缘遮蔽（隔离）	
12	拆除后备保护绳和绝缘紧线器	获得工作负责人的许可后，斗内电工松开绝缘保护绳套并放松紧线器，使绝缘子受力后，拆下紧线器、后备保护绳套及绝缘绳套（或绝缘联板），恢复导线侧的绝缘遮蔽（隔离）	

序号	内容	要　　求	√
13	更换其余两相耐张绝缘子串	获得工作负责人的许可后，斗内电工将绝缘斗调整到合适位置，相互配合按相同方法依次更换其余两相耐张绝缘子串	
14	工作完成，拆除绝缘遮蔽（隔离）措施	获得工作负责人许可后，斗内电工按照"从远到近、从上到下、先接地体后带电体"的原则依次拆除中间相、远边相和近边相绝缘遮蔽（隔离），检查无遗留物后，转移绝缘斗退出带电作业工作区域，返回地面	

3.13.3　作业后的终结阶段

序号	内容	要　　求	√
1	清理工具及现场	清点与整理工具、材料，清理现场做到工完料尽场地清	
2	召开现场收工会	工作总结与点评，宣布工作结束	
3	工作终结	工作负责人向值班调控人员联系工作结束，办理工作终结	
4	作业人员撤离现场	本项工作结束	

3.14　带电更换柱上开关或隔离开关

本作业项目：绝缘手套作业法（采用绝缘斗臂车作业）带电更换柱上开关或隔离开关，工作人员共计5名，包括工作负责人（兼工作监护人）1名、斗内电工（1号和2号斗臂车配合作业）2名、地面电工2名。

3.14.1　作业前的准备阶段

序号	内容	要　　求	√
1	现场勘察	确定工作范围、作业方式，明确线路名称、杆号和工作任务，确定是否停用重合闸	
2	编制作业指导书（卡）和危险点预控措施卡	明确执行有标准、操作有流程，安全有措施，现场作业关键环节、关键点风险管控分析到位、预控措施落实到位	

序号	内容	要　　　　求	√
3	办理工作票	履行工作票制度，规范填写和签发《配电带电作业工作票》	
4	召开班前会	学习作业指导书，明确作业方法、作业标准、安全措施、人员组织和任务分工	
5	工具、材料准备	检查与清点工具、材料齐全，外观完好无损，预防性试验合格，分类装箱办理出入库手续	

3.14.2　现场作业阶段

序号	内容	要　　　　求	√
1	现场复勘	工作负责人组织作业人员进行作业前现场复勘，现场核对线路名称和杆号，检查确认柱上负荷开关或隔离开关应在拉开位置，具有配电网自动化功能的柱上开关，其电压互感器应退出运行，检查作业装置和现场环境符合带电作业条件	
2	履行工作许可手续	工作负责人按《配电带电作业工作票》内容与值班调控人员联系履行许可手续，在工作票上签字并记录许可时间	
3	布置工作现场，装设遮栏（围栏）和警告标志	工作负责人组织班组成员布置工作现场，安全围栏和出入口的设置应合理和规范，警告标志应齐全和明显，悬挂"在此工作、从此进出、施工现场以及车辆慢行或车辆绕行"标识牌	
4	召开现场站班会，宣读工作票并履行确认手续	工作负责人召集工作人员召开现场站班会，对工作班成员进行危险点告知，交待工作任务，交待安全措施和技术措施，检查工作班成员精神状态良好，作业人员合适，确认每一个工作班成员都已知晓后，履行确认手续在工作票上签名	
5	现场检查工器具，空斗试操作斗臂车，做好作业前的准备工作	工作负责人组织班组成员按照任务分工布置工作现场，整理工具、材料，对安全用具、绝缘工具进行现场检查，做好作业前的准备工作。其中，对绝缘工具应使用绝缘检测仪进行分段绝缘检测，绝缘电阻值不低于 700MΩ；查看绝缘斗臂车绝缘臂、绝缘斗良好，操作绝缘斗臂车进行空斗试操作等；检查测试新柱上负荷开关或隔离开关设备机电性能良好	
6	斗内作业人员进入绝缘斗，准备开始现场作业	斗内作业人员穿戴好绝缘防护用具，经工作负责人检查合格后，进入绝缘斗并将安全带保险钩系在斗内专用挂钩上，准备开始现场作业	

序号	内容	要求	√
7	进入带电作业区域，开始现场作业工作	（1）获得工作负责人许可后，斗内电工操作绝缘斗臂车进入带电作业区域，开始现场作业工作	
		（2）工作负责人（或专责监护人）必须在工作现场行使监护职责，有效实施作业中的危险点、程序、质量和行为规范控制等	
		（3）绝缘斗臂车绝缘臂的有效绝缘长度应不小于1.0m，绝缘操作杆的有效绝缘长度应不小于0.7m	
		（4）斗内电工应保持对地不小于0.4m、对邻相导线不小于0.6m的安全距离，如不能确保该安全距离时，应采用绝缘遮蔽（隔离）措施，遮蔽用具之间的搭接部分不得小于150mm，遮蔽动作应轻缓和规范	
		（5）作业时严禁人体同时接触两个不同的电位体	
		（6）绝缘斗内双人作业时，禁止同时在不同相或不同电位作业	
		（7）本项目中带电更换三相柱上隔离开关时，由于隔离开关桩头对地安全距离不足，须采用加装绝缘隔离挡板（包括隔离开关专用的相间绝缘隔离挡板，横向安装在隔离开关支柱绝缘子上的绝缘隔板）	
8	按规定正确验电	获得工作负责人许可后，操作绝缘斗臂车将绝缘斗调整至横担外侧适当位置，按规定使用验电器按照导线—绝缘子—横担—柱上负荷开关或隔离开关支架—电杆的顺序进行验电，确认无漏电现象，确认开关已在断开位置	
9	项目1：带电更换柱上负荷开关	按照以下操作步骤进行带电更换柱上负荷开关工作	
	（1）设置绝缘遮蔽（隔离）措施	获得工作负责人许可后，1号和2号斗内电工分别转移绝缘斗至近边相导线外侧各自作业位置，按照"从近到远、从下到上、先带电体后接地体"的遮蔽原则对作业范围内的带电体及接地体进行绝缘遮蔽（隔离），其余两相绝缘遮蔽（隔离）按照相同方法进行；遮蔽（隔离）顺序应先两边相、再中间相	
	（2）拆除柱上负荷开关引线	获得工作负责人许可后，1号和2号斗内电工调整绝缘斗至近边相合适位置，将柱上负荷开关两侧引线从主导线上拆开，并妥善固定，恢复主导线处的绝缘遮蔽（隔离）；其余两相柱上负荷开关引线按照相同方法进行拆除	

序号	内容	要　　求	√
9	（3）更换柱上负荷开关	1）获得工作负责人许可后，1号斗内电工在负荷开关上安装绝缘绳套，使用绝缘吊臂在上方吊起柱上负荷开关；2号斗内电工拆除负荷开关固定螺栓，使负荷开关脱离固定支架后，1号斗内电工操作绝缘吊臂缓慢将柱上负荷开关放至地面	
		2）斗内1、2号电工相互配合安装新的柱上负荷开关，确认无误后，将中间相两侧引线接至中间相主导线上，恢复新安装柱上负荷开关的绝缘遮蔽（隔离）	
		3）其余两相柱上负荷开关引线按照相同方法进行搭接	
	工作完成，拆除绝缘遮蔽（隔离）措施	获得工作负责人许可后，斗内电工按照"从远到近、从上到下、先接地体后带电体"的原则依次拆除中间相、远边相和近边相绝缘遮蔽（隔离），检查无遗留物后，转移绝缘斗退出带电作业工作区域，返回地面	
10	项目2：带电更换三相隔离开关	按照以下操作步骤进行带电更换三相隔离开关工作	
	（1）设置绝缘遮蔽（隔离）措施	1）获得工作负责人许可后，1号和2号斗内电工分别转移绝缘斗至近边相导线外侧各自作业位置，按照"从近到远、从下到上、先带电体后接地体"的遮蔽原则对作业范围内的带电体及接地体进行绝缘遮蔽（隔离）：导线、柱上隔离开关引线、耐张线夹、隔离开关、耐张绝缘子串以及近边相隔离开关上部横担等，包括隔离开关专用的相间绝缘隔离挡板，横向安装在隔离开关支柱绝缘子上的绝缘隔板等	
		2）其余两相绝缘遮蔽（隔离）按照相同方法进行。遮蔽（隔离）顺序应先两边相、再中间相	
	（2）拆除三相隔离开关引线	1）获得工作负责人许可后，斗内电工调整绝缘斗至近边相合适位置，将柱上隔离开关引线从主导线上拆开，妥善固定并及时恢复主导线处的绝缘遮蔽（隔离）	
		2）按照相同方法依次拆除其余两相隔离开关引线。 注：带有避雷器的隔离开关引线，应用绝缘锁杆临时固定引线和主导线，待拆除接续线夹后，调整绝缘斗位置后将引线脱离主导线；如隔离开关引线从耐张线夹引出，可从隔离开关接线柱拆开引线，将引线固定在同相主导线上并恢复绝缘遮蔽（隔离）	

序号	内容	要　　求	√
10	（3）更换三相隔离开关	1）获得工作负责人许可后，1号和2号绝缘斗臂车相互配合使用绝缘吊臂拆除中间相柱上隔离开关，安装新柱上隔离开关，进行分、合试操作调试，然后将柱上隔离开关置于断开位置，在柱上隔离开关相间、两侧各自桩头上加装绝缘挡板（隔板）	
		2）斗内电工相互配合恢复中间相柱上隔离开关引线，恢复新安装柱上隔离开关的绝缘遮蔽（隔离）	
		3）其余两相隔离开关按照相同方法进行更换	
	（4）工作完成，拆除绝缘遮蔽（隔离）措施	获得工作负责人许可后，斗内电工按照"从远到近、从上到下、先接地体后带电体"的原则依次拆除中间相、远边相和近边相绝缘遮蔽（隔离），检查无遗留物后，转移绝缘斗退出带电作业工作区域，返回地面	

3.14.3　作业后的终结阶段

序号	内容	要　　求	√
1	清理工具及现场	清点与整理工具、材料，清理现场做到工完料尽场地清	
2	召开现场收工会	工作总结与点评，宣布工作结束	
3	工作终结	工作负责人向值班调控人员联系工作结束，办理工作终结	
4	作业人员撤离现场	本项工作结束	

3.15　带电更换耐张绝缘子串及横担

本作业项目：绝缘手套作业法（采用绝缘斗臂车作业）带电更换耐张绝缘子串及横担，工作人员共计4名，包括工作负责人（兼工作监护人）1名、斗内电工（1号和2号斗臂车配合作业）2名、地面电工1名。

3.15.1 作业前的准备阶段

序号	内容	要　　求	√
1	现场勘察	确定工作范围、作业方式，明确线路名称、杆号和工作任务，确定是否停用重合闸	
2	编制作业指导书（卡）和危险点预控措施卡	明确执行有标准，操作有流程，安全有措施，现场作业关键环节、关键点风险管控分析到位、预控措施落实到位	
3	办理工作票	履行工作票制度，规范填写和签发《配电带电作业工作票》	
4	召开班前会	学习作业指导书，明确作业方法、作业标准、安全措施、人员组织和任务分工	
5	工具、材料准备	检查与清点工具、材料齐全，外观完好无损，预防性试验合格，分类装箱办理出入库手续	

3.15.2 现场作业阶段

序号	内容	要　　求	√
1	现场复勘	工作负责人组织作业人员进行作业前现场复勘，现场核对线路名称和杆号，检查作业点及两侧的电杆根部、基础、导线固结牢固，检查作业装置和现场环境符合带电作业条件	
2	履行工作许可手续	工作负责人按《配电带电作业工作票》内容与值班调控人员联系履行许可手续，在工作票上签字并记录许可时间	
3	布置工作现场，装设遮栏（围栏）和警告标志	工作负责人组织班组成员布置工作现场，安全围栏和出入口的设置应合理和规范，警告标志应齐全和明显，悬挂"在此工作、从此进出、施工现场以及车辆慢行或车辆绕行"标识牌	
4	召开现场站班会，宣读工作票并履行确认手续	工作负责人召集工作人员召开现场站班会，对工作班成员进行危险点告知，交待工作任务，交待安全措施和技术措施，检查工作班成员精神状态良好，作业人员合适，确认每一个工作班成员都已知晓后，履行确认手续在工作票上签名	
5	现场检查工器具，空斗试操作斗臂车，做好作业前的准备工作	工作负责人组织班组成员按照任务分工布置工作现场，整理工具、材料，对安全用具、绝缘工具进行现场检查，做好作业前的准备工作。其中，对绝缘工具应使用绝缘检测仪进行分段绝缘检测，绝缘电阻值不低于 700MΩ；查看绝缘斗臂车绝缘臂、绝缘斗良好，操作绝缘斗臂车进行空斗试操作等；检查新绝缘子的机电性能良好	

序号	内容	要　　求	√
6	斗内作业人员进入绝缘斗，准备开始现场作业	斗内作业人员穿戴好绝缘防护用具，经工作负责人检查合格后，进入绝缘斗并将安全带保险钩系挂在斗内专用挂钩上，准备开始现场作业	
7	进入带电作业区域，开始现场作业工作	（1）获得工作负责人许可后，斗内电工操作绝缘斗臂车进入带电作业区域，开始现场作业工作	
		（2）工作负责人（或专责监护人）必须在工作现场行使监护职责，有效实施作业中的危险点、程序、质量和行为规范控制等	
		（3）绝缘斗臂车绝缘臂的有效绝缘长度应不小于1.0m，绝缘操作杆的有效绝缘长度应不小于0.7m；绝缘绳套和后备保护绳的有效绝缘长度应不小于0.4m	
		（4）斗内电工应保持对地不小于0.4m、对邻相导线不小于0.6m的安全距离，如不能确保该安全距离时，应采用绝缘遮蔽（隔离）措施，遮蔽用具之间的搭接部分不得小于150mm，遮蔽动作应轻缓和规范	
		（5）作业时严禁人体同时接触两个不同的电位体	
		（6）绝缘斗内双人作业时，禁止同时在不同相或不同电位作业	
8	按规定正确验电	获得工作负责人许可后，操作绝缘斗臂车将绝缘斗调整至横担外侧适当位置，按规定使用验电器按照导线—绝缘子—横担—电杆的顺序进行验电，确认无漏电现象	
9	设置绝缘遮蔽（隔离）措施	获得工作负责人许可后，1号和2号斗内电工分别转移绝缘斗至近边相导线外侧各自作业位置，按照"从近到远、从下到上、先带电体后接地体"的遮蔽原则对作业范围内的带电体及接地体进行绝缘遮蔽（隔离）：导线、引流线、耐张绝缘子串、横担等。其余两相绝缘遮蔽（隔离）按照相同方法进行；遮蔽（隔离）顺序应先两边相、再中间相	
10	在横担下方安装临时绝缘横担	获得工作负责人的许可后，斗内电工相互配合在横担下方大于0.4m处安装支撑用的临时绝缘横担	
11	安装绝缘紧线器及后备保护绳并收紧导线	（1）获得工作负责人的许可后，1号和2号斗内电工调整绝缘斗至近边相导线外侧各自作业位置	
		（2）在近边相耐张横担两侧安装绝缘绳套，各自将绝缘紧线器一端固定于绝缘绳套上，另一端与主导线可靠固定后，操作绝缘紧线器同时缓慢收紧导线，直至耐张绝缘子串处在合适的松弛状态	
		（3）在紧线器外侧加装后备保护并收紧后备保护绳，恢复绝缘遮蔽（隔离）	

序号	内容	要　　　求	✓
12	拆除耐张线夹与绝缘子串的连接销子，并将耐张线夹可靠连接在绝缘绳上	（1）获得工作负责人许可后，待耐张绝缘子串松弛后，1号、2号斗内电工分别拔出两侧耐张线夹与绝缘子串的连接销子，使绝缘子串脱离导线，用绝缘绳将两个耐张线夹连接并检查确认牢固可靠后，斗内电工各自缓慢松线，使绝缘绳受力	
		（2）斗内电工各自松开并拆除绝缘紧线器，将绝缘绳搁置在临时绝缘横担上锁好保险环（或用绝缘绳索固定），做好绝缘遮蔽（隔离）	
		（3）按相同方法完成远边相的工作	
13	安装新横担及绝缘子串并连接耐张绝缘子串	（1）获得工作负责人许可后，斗内电工配合拆除旧横担，安装新横担及绝缘子串，恢复绝缘遮蔽（隔离）	
		（2）斗内电工各自在新横担上装设绝缘紧线器，同时收紧导线，拆除绝缘绳，将线夹与绝缘子串连接，并检查确认牢固可靠后放松绝缘紧线器，待耐张绝缘子串受力正常后拆除绝缘紧线器及后备保护	
		（3）如需更换中间相绝缘子串（包括上述的导线三角形排列以及导线水平排列），步骤相同	
14	工作完成，拆除绝缘遮蔽（隔离）措施	获得工作负责人许可后，斗内电工按照"从远到近、从上到下、先接地体后带电体"的原则依次拆除中间相、远边相和近边相绝缘遮蔽（隔离），检查无遗留物后，转移绝缘斗退出带电作业工作区域，返回地面	

3.15.3　作业后的终结阶段

序号	内容	要　　　求	✓
1	清理工具及现场	清点与整理工具、材料，清理现场做到工完料尽场地清	
2	召开现场收工会	工作总结与点评，宣布工作结束	
3	工作终结	工作负责人向值班调控人员联系工作结束，办理工作终结	
4	作业人员撤离现场	本项工作结束	

3.16 带电组立或撤除直线电杆

本作业项目：绝缘手套作业法（采用绝缘斗臂车作业）带电组立或撤除直线电杆，工作人员共计 8 名，包括工作负责人（兼工作监护人）1 名、吊车指挥 1 名、斗内电工（1 号和 2 号斗臂车配合作业）2 名、杆上电工 1 名、地面电工 2 名、吊车操作人员 1 名。

3.16.1 作业前的准备阶段

序号	内容	要 求	√
1	现场勘察	确定工作范围、作业方式，明确线路名称、杆号和工作任务，确定是否停用重合闸	
2	编制作业指导书（卡）和危险点预控措施卡	明确执行有标准，操作有流程，安全有措施，现场作业关键环节、关键点风险管控分析到位、预控措施落实到位	
3	办理工作票	履行工作票制度，规范填写和签发《配电带电作业工作票》	
4	召开班前会	学习作业指导书，明确作业方法、作业标准、安全措施、人员组织和任务分工	
5	工具、材料准备	检查与清点工具、材料齐全，外观完好无损，预防性试验合格，分类装箱办理出入库手续	

3.16.2 现场作业阶段

序号	内容	要 求	√
1	现场复勘	工作负责人组织作业人员进行作业前现场复勘，现场核对线路名称和杆号，检查作业点及两侧的电杆根部、基础、导线固结牢固，检查作业装置和现场环境符合带电作业条件	
2	履行工作许可手续	工作负责人按《配电带电作业工作票》内容与值班调控人员联系履行许可手续，在工作票上签字并记录许可时间	
3	布置工作现场，装设遮栏（围栏）和警告标志	工作负责人组织班组成员布置工作现场，安全围栏和出入口的设置应合理和规范，警告标志应齐全和明显，悬挂"在此工作、从此进出、施工现场以及车辆慢行或车辆绕行"标识牌	

序号	内容	要　　　求	√
4	召开现场站班会，宣读工作票并履行确认手续	工作负责人召集工作人员召开现场站班会，对工作班成员进行危险点告知，交待工作任务，交待安全措施和技术措施，检查工作班成员精神状态良好，作业人员合适，确认每一个工作班成员都已知晓后，履行确认手续在工作票上签名	
5	现场检查工器具，空斗试操作斗臂车，做好作业前的准备工作	工作负责人组织班组成员按照任务分工布置工作现场，整理工具、材料，对安全用具、绝缘工具进行现场检查，做好作业前的准备工作。其中，对绝缘工具应使用绝缘检测仪进行分段绝缘检测，绝缘电阻值不低于700MΩ；查看绝缘斗臂车绝缘臂、绝缘斗良好，操作绝缘斗臂车进行空斗试操作等	
6	斗内作业人员进入绝缘斗，准备开始现场作业	斗内作业人员穿戴好绝缘防护用具，经工作负责人检查合格后，进入绝缘斗并将安全带保险钩系挂在斗内专用挂钩上，准备开始现场作业	
7	进入带电作业区域，开始现场作业工作	（1）获得工作负责人许可后，斗内电工操作绝缘斗臂车进入带电作业区域，开始现场作业工作	
		（2）工作负责人（或专责监护人）必须在工作现场行使监护职责，有效实施作业中的危险点、程序、质量和行为规范控制等	
		（3）绝缘斗臂车绝缘臂的有效绝缘长度应不小于1.0m，绝缘操作杆的有效绝缘长度应不小于0.7m	
		（4）斗内电工应保持对地不小于0.4m、对邻相导线不小于0.6m的安全距离，如不能确保该安全距离时，应采用绝缘遮蔽（隔离）措施，遮蔽用具之间的搭接部分不得小于150mm，遮蔽动作应轻缓和规范	
		（5）作业时严禁人体同时接触两个不同的电位体	
		（6）绝缘斗内双人作业时，禁止同时在不同相或不同电位作业	
		（7）电杆撤除、组立过程中，工作人员应密切注意电杆与带电线路保持1.0m以上的安全距离；撤、立杆时，吊车吊臂与带电线路保持1.5m以上安全距离；吊车吊钩应在10kV带电导线的下方，电杆应顺线路方向起立或下降	

序号	内容	要　　　求	√
8	项目1：带电撤除直线电杆	获得工作负责人许可后，1号和2号斗臂车配合作业带电撤除直线电杆	
	（1）按规定正确验电	获得工作负责人许可后，斗内电工操作绝缘斗臂车将绝缘斗调整至横担外侧适当位置，按规定使用验电器按照导线—绝缘子—横担—电杆的顺序进行验电，确认无漏电现象	
	（2）设置绝缘遮蔽（隔离）措施	获得工作负责人许可后，斗内1号、2号电工分别转移绝缘斗至近边相导线外侧各自作业位置，按照"从近到远、从下到上、先带电体后接地体"的遮蔽原则，依次对作业中可能触及的近边相、远边相和中间相导线、绝缘子、横担等进行绝缘遮蔽（隔离）。其中，直线横担侧架空导线上的绝缘遮蔽长度要适当延长，确保更换电杆时不触及带电导线	
	（3）组装斗臂车用绝缘横担并固定三相导线	1）获得工作负责人许可后，2号斗内电工完成以下工作：在地面电工配合下在小吊臂上组装绝缘撑杆及绝缘横担；调整小吊臂使三相导线分别置于绝缘横担上的滑轮内并锁好保险	
		2）斗内1号电工拆除三相导线绑扎线后，2号斗内电工将绝缘撑杆缓缓上升支撑起三相导线，使导线抬升到一定高度后锁定绝缘撑杆	
		3）斗内1号电工在杆上电工的配合下拆除绝缘子、横担及立铁，并对杆顶使用电杆遮蔽罩进行绝缘遮蔽（隔离），其绝缘遮蔽长度要适当延长	
	（4）撤除直线电杆	1）获得工作负责人许可后，1号斗内电工在杆上电工的配合下，系好电杆起吊绳 注：同杆架设线路吊钩穿越低压线时应做好吊车的接地工作；低压导线应加装绝缘遮蔽罩或绝缘套管并用绝缘绳向两侧拉开，增加电杆下降的通道宽度；在电杆低压导线下方位置增加两道横风绳	
		2）吊车操作人员在吊车指挥人员的指挥下缓慢起吊电杆，在电杆缓慢起吊到吊绳全部受力时暂停起吊，检查确认吊车支腿及其他受力部位情况正常，地面电工在杆根处合适位置系好绝缘绳以控制杆根方向；为确保作业安全，起吊电杆的杆根应设置接地保护措施，作业时杆根作业人员应穿绝缘靴、戴绝缘手套，起重设备操作人员应穿绝缘靴	

序号	内容	要　　求	√
8	（4）撤除直线电杆	3）检查确认绝缘遮蔽（隔离）可靠，吊车操作人员操作吊车缓慢地将电杆放落至地面，地面电工拆除杆根接地保护、吊绳以及杆顶上的绝缘遮蔽（隔离），将杆坑回土夯实，吊车撤离工作区域	
	（5）斗臂车用绝缘横担脱离导线并拆除	获得工作负责人许可后，2 号斗内电工打开绝缘横担滑轮保险，操作绝缘斗臂车使导线完全脱离绝缘横担	
	（6）工作完成，拆除绝缘遮蔽（隔离）措施	获得工作负责人许可后，斗内电工按照"从远到近、从上到下、先接地体后带电体"的原则依次拆除中间相、远边相和近边相绝缘遮蔽（隔离），检查无遗留物后，转移绝缘斗退出带电作业工作区域，返回地面	
9	项目 2：带电组立直线电杆	获得工作负责人许可后，1 号斗臂车配合作业带电带电组立直线电杆	
	（1）设置绝缘遮蔽（隔离）措施	获得工作负责人许可后，斗内电工转移绝缘斗至近边相导线外侧合适位置，按照"从近到远、从下到上、先带电体后接地体"的遮蔽原则，依次对作业中可能触及的近边相、远边相和中间相带电导线进行绝缘遮蔽（隔离），架空导线上的绝缘遮蔽（隔离）长度要适当延长，以确保组立电杆时不触及带电导线	
	（2）组装斗臂车用绝缘横担并固定三相导线	1）获得工作负责人许可后，斗内电工在地面电工的配合下，在小吊臂上组装绝缘撑杆及绝缘横担后，返回导线下准备支撑导线	
		2）斗内电工调整小吊臂使三相导线分别置于绝缘横担上的滑轮内并锁好保险，操作斗臂车将绝缘撑横担缓缓上升支撑起三相导线，调整小吊臂缓慢将三相导线提升到一定高度后锁定绝缘撑杆	
	（3）组立直线电杆	1）获得工作负责人许可后，地面电工对组立的电杆杆顶使用电杆遮蔽罩进行绝缘遮蔽（隔离），其绝缘遮蔽长度要适当延长，并系好电杆起吊绳。 注：同杆架设线路吊钩穿越低压时应做好吊车的接地工作；低压导线应加装绝缘遮蔽罩或绝缘套管并用绝缘绳向两侧拉开，增加电杆下降的通道宽度；在电杆低压导线下方位置增加两道横风绳	

序号	内容	要　　求	√
9	（3）组立直线电杆	2）吊车操作人员在吊车指挥人员的指挥下，操作吊车缓慢起吊电杆，在电杆缓慢起吊到吊绳全部受力时暂停起吊，检查确认吊车支腿及其他受力部位情况正常，地面电工在杆根处合适位置系好绝缘绳以控制杆根方向；为确保作业安全，起吊电杆的杆根应设置接地保护措施，作业时杆根作业人员应穿绝缘靴、戴绝缘手套，起重设备操作人员应穿绝缘靴	
		3）检查确认绝缘遮蔽（隔离）可靠，吊车操作人员在吊车指挥人员的指挥下，操作吊车在缓慢地将新电杆吊至预定位置，配合吊车指挥人员和工作负责人注意控制电杆两侧方向的平衡情况和杆根的入洞情况，电杆起立，校正后回土夯实，拆除杆根接地保护	
		4）杆上电工登杆配合斗内电工拆除吊绳和两侧晃绳，安装横担、杆顶支架、绝缘子等后，杆上电工返回地面，吊车撤离工作区域	
		5）斗内电工对横担、绝缘子等进行绝缘遮蔽（隔离）后，斗内电工操作小吊臂缓慢下降，使导线置于绝缘子顶槽内，斗内电工逐相绑扎好绝缘子，打开绝缘横担保险，操作绝缘斗臂车，操作绝缘斗臂车使绝缘横担缓缓脱离导线并拆除，组立直线电杆工作结束	
	（4）工作完成，拆除绝缘遮蔽（隔离）措施	获得工作负责人许可后，斗内电工按照"从远到近、从上到下、先接地体后带电体"的原则依次拆除中间相、远边相和近边相绝缘遮蔽（隔离），检查无遗留物后，转移绝缘斗退出带电作业工作区域，返回地面	

3.16.3　作业后的终结阶段

序号	内容	要　　求	√
1	清理工具及现场	清点与整理工具、材料，清理现场做到工完料尽场地清	
2	召开现场收工会	工作总结与点评，宣布工作结束	
3	工作终结	工作负责人向值班调控人员联系工作结束，办理工作终结	
4	作业人员撤离现场	本项工作结束	

3.17　带电更换直线电杆

本作业项目：绝缘手套作业法（采用绝缘斗臂车作业）带电更换直线电杆，工作人员共计8名，包括工作负责人（兼工作监护人）1名、吊车指挥1名、斗内电工（1号和2号斗臂车配合作业）2名、杆上电工1名、地面电工2名、吊车操作人员1名。

3.17.1　作业前的准备阶段

序号	内容	要　　求	√
1	现场勘察	确定工作范围、作业方式，明确线路名称、杆号和工作任务，确定是否停用重合闸	
2	编制作业指导书（卡）和危险点预控措施卡	明确执行有标准，操作有流程，安全有措施，现场作业关键环节、关键点风险管控分析到位、预控措施落实到位	
3	办理工作票	履行工作票制度，规范填写和签发《配电带电作业工作票》	
4	召开班前会	学习作业指导书，明确作业方法、作业标准、安全措施、人员组织和任务分工	
5	工具、材料准备	检查与清点工具、材料齐全，外观完好无损，预防性试验合格，分类装箱办理出入库手续	

3.17.2　现场作业阶段

序号	内容	要　　求	√
1	现场复勘	工作负责人组织作业人员进行作业前现场复勘，现场核对线路名称和杆号，检查作业点及两侧的电杆根部、基础、导线固结牢固，检查作业装置和现场环境符合带电作业条件	
2	履行工作许可手续	工作负责人按《配电带电作业工作票》内容与值班调控人员联系履行许可手续，在工作票上签字并记录许可时间	
3	布置工作现场，装设遮栏（围栏）和警告标志	工作负责人组织班组成员布置工作现场，安全围栏和出入口的设置应合理和规范，警告标志应齐全和明显，悬挂"在此工作、从此进出、施工现场以及车辆慢行或车辆绕行"标识牌	

序号	内容	要　　求	√
4	召开现场站班会，宣读工作票并履行确认手续	工作负责人召集工作人员召开现场站班会，对工作班成员进行危险点告知，交待工作任务，交待安全措施和技术措施，检查工作班成员精神状态良好，作业人员合适，确认每一个工作班成员都已知晓后，履行确认手续在工作票上签名	
5	现场检查工器具，空斗试操作斗臂车，做好作业前的准备工作	工作负责人组织班组成员按照任务分工布置工作现场，整理工具、材料，对安全用具、绝缘工具进行现场检查，做好作业前的准备工作。其中，对绝缘工具应使用绝缘检测仪进行分段绝缘检测，绝缘电阻值不低于700MΩ；查看绝缘斗臂车绝缘臂、绝缘斗良好，操作绝缘斗臂车进行空斗试操作等	
6	斗内作业人员进入绝缘斗，准备开始现场作业	斗内作业人员穿戴好绝缘防护用具，经工作负责人检查合格后，进入绝缘斗并将安全带保险钩系挂在斗内专用挂钩上，准备开始现场作业	
7	进入带电作业区域，开始现场作业工作	（1）获得工作负责人许可后，斗内电工操作绝缘斗臂车进入带电作业区域，开始现场作业工作	
		（2）工作负责人（或专责监护人）必须在工作现场行使监护职责，有效实施作业中的危险点、程序、质量和行为规范控制等	
		（3）绝缘斗臂车绝缘臂的有效绝缘长度应不小于1.0m，绝缘操作杆的有效绝缘长度应不小于0.7m	
		（4）斗内电工应保持对地不小于0.4m、对邻相导线不小于0.6m的安全距离，如不能确保该安全距离时，应采用绝缘遮蔽（隔离）措施，遮蔽用具之间的搭接部分不得小于150mm，遮蔽动作应轻缓和规范	
		（5）作业时严禁人体同时接触两个不同的电位体	
		（6）绝缘斗内双人作业时，禁止同时在不同相或不同电位作业	
8	按规定正确验电	获得工作负责人许可后，操作绝缘斗臂车将绝缘斗调整至横担外侧适当位置，按规定使用验电器按照导线—绝缘子—横担—电杆的顺序进行验电，确认无漏电现象	

序号	内容	要　　求	√
9	设置绝缘遮蔽（隔离）措施	获得工作负责人许可后，1号和2号斗内电工分别转移绝缘斗至近边相导线外侧各自作业位置，按照"从近到远、从下到上、先带电体后接地体"的遮蔽原则，依次对作业中可能触及的近边相、远边相和中间相导线、绝缘子、横担等进行绝缘遮蔽（隔离）。其中，直线横担侧架空导线上的绝缘遮蔽长度要适当延长，以确保更换电杆时不触及带电导线	
10	组装斗臂车用绝缘横担并固定三相导线	（1）获得工作负责人许可后，2号斗内电工完成以下工作：在地面电工的配合下在小吊臂上组装绝缘撑杆及绝缘横担；调整小吊臂使三相导线分别置于绝缘横担上的滑轮内并锁好保险	
		（2）斗内1号电工拆除三相导线绑扎线后，2号斗内电工将绝缘撑杆缓缓上升支撑起三相导线，使导线抬升到一定高度后锁定绝缘撑杆	
		（3）斗内1号电工拆除绝缘子、横担及立铁，并对杆顶使用电杆遮蔽罩进行有效绝缘遮蔽（隔离）	
11	撤除旧电杆	（1）获得工作负责人许可后，1号斗内电工在杆上电工的配合下，系好电杆起吊绳。 　　注：同杆架设线路吊钩穿越低压线时应做好吊车的接地工作；低压导线应加装绝缘遮蔽罩或绝缘套管并用绝缘绳向两侧拉开，增加电杆下降的通道宽度；在电杆低压导线下方位置增加两道横风绳	
		（2）吊车操作人员在吊车指挥人员的指挥下缓慢起吊电杆，在电杆缓慢起吊到吊绳全部受力时暂停起吊，检查确认吊车支腿及其他受力部位情况正常，地面电工在杆根处合适位置系好绝缘绳以控制杆根方向；为确保作业安全，起吊电杆的杆根应设置接地保护措施，作业时杆根作业人员应穿绝缘靴、戴绝缘手套，起重设备操作人员应穿绝缘靴	
		（3）检查确认绝缘遮蔽（隔离）可靠，吊车操作人员操作吊车缓慢地将电杆放落至地面，地面电工拆除吊绳以及杆顶上的绝缘遮蔽（隔离）	

序号	内容	要　　求	√
12	起吊新电杆	（1）获得工作负责人许可后，地面电工对起吊新电杆的杆顶使用电杆遮蔽罩进行绝缘遮蔽（隔离），其绝缘遮蔽长度要适当延长，并系好电杆起吊绳。 注：同杆架设线路吊钩穿越低压线时应做好吊车的接地工作；低压导线应加装绝缘遮蔽罩或绝缘套管并用绝缘绳向两侧拉开，增加电杆下降的通道宽度；在电杆低压导线下方位置增加两道横风绳	
		（2）吊车操作人员在吊车指挥人员的指挥下，操作吊车缓慢起吊电杆，在电杆缓慢起吊到吊绳全部受力时暂停起吊，检查确认吊车支腿及其他受力部位情况正常，地面电工在杆根处合适位置系好绝缘绳以控制杆根方向；为确保作业安全，起吊电杆的杆根应设置接地保护措施，作业时杆根作业人员应穿绝缘靴、戴绝缘手套，起重设备操作人员应穿绝缘靴	
		（3）检查确认绝缘遮蔽（隔离）可靠，吊车操作人员在吊车指挥人员的指挥下，操作吊车在缓慢地将新电杆吊至预定位置，配合吊车指挥人员和工作负责人注意控制电杆两侧方向的平衡情况和杆根的入洞情况，电杆起立，校正后回土夯实，拆除杆根接地保护	
		（4）杆上电工登杆配合斗内电工拆除吊绳和两侧晃绳，安装横担、杆顶支架、绝缘子等后，杆上电工返回地面，吊车撤离工作区域	
		（5）斗内电工对横担、绝缘子等进行绝缘遮蔽（隔离）后，斗内电工操作小吊臂缓慢下降，使导线置于绝缘子顶槽内，斗内电工逐相绑扎好绝缘子，打开绝缘横担保险，操作绝缘斗臂车使绝缘横担缓缓脱离导线并拆除，起吊新电杆工作结束	
13	工作完成，拆除绝缘遮蔽（隔离）措施	获得工作负责人许可后，斗内电工按照"从远到近、从上到下、先接地体后带电体"的原则依次拆除中间相、远边相和近边相绝缘遮蔽（隔离），检查无遗留物后，转移绝缘斗退出带电作业工作区域，返回地面	

3.17.3 作业后的终结阶段

序号	内容	要　　　　求	√
1	清理工具及现场	清点与整理工具、材料，清理现场做到工完料尽场地清	
2	召开现场收工会	工作总结与点评，宣布工作结束	
3	工作终结	工作负责人向值班调控人员联系工作结束，办理工作终结	
4	作业人员撤离现场	本项工作结束	

3.18　带电直线杆改终端杆

本作业项目：绝缘手套作业法（采用绝缘斗臂车作业）带电直线杆改终端杆，工作人员共计5名，包括工作负责人（兼工作监护人）1名、斗内电工（1号和2号斗臂车配合作业）2名、地面电工2名。

3.18.1 作业前的准备阶段

序号	内容	要　　　　求	√
1	现场勘察	确定工作范围、作业方式，明确线路名称、杆号和工作任务，确定是否停用重合闸	
2	编制作业指导书（卡）和危险点预控措施卡	明确执行有标准，操作有流程，安全有措施，现场作业关键环节、关键点风险管控分析到位、预控措施落实到位	
3	办理工作票	履行工作票制度，规范填写和签发《配电带电作业工作票》	
4	召开班前会	学习作业指导书，明确作业方法、作业标准、安全措施、人员组织和任务分工	
5	工具、材料准备	检查与清点工具、材料齐全，外观完好无损，预防性试验合格，分类装箱办理出入库手续	

3.18.2 现场作业阶段

序号	内容	要　　求	√
1	现场复勘	工作负责人组织作业人员进行作业前现场复勘，现场核对线路名称和杆号，确认作业点线路空载，检查作业点两侧的电杆根部、基础、导线固结牢固（如后侧电杆为耐张杆应设置有临时拉线），检查作业点拉线基础及拉线棒已埋设并符合要求，检查作业装置和现场环境符合带电作业条件	
2	履行工作许可手续	工作负责人按《配电带电作业工作票》内容与值班调控人员联系履行许可手续，在工作票上签字并记录许可时间	
3	布置工作现场，装设遮栏（围栏）和警告标志	工作负责人组织班组成员布置工作现场，安全围栏和出入口的设置应合理和规范，警告标志应齐全和明显，悬挂"在此工作、从此进出、施工现场以及车辆慢行或车辆绕行"标识牌	
4	召开现场站班会，宣读工作票并履行确认手续	工作负责人召集工作人员召开现场站班会，对工作班成员进行危险点告知，交待工作任务，交待安全措施和技术措施，检查工作班成员精神状态良好，作业人员合适，确认每一个工作班成员都已知晓后，履行确认手续在工作票上签名	
5	现场检查工器具，空斗试操作斗臂车，做好作业前的准备工作	工作负责人组织班组成员按照任务分工布置工作现场，整理工具、材料，对安全用具、绝缘工具进行现场检查，做好作业前的准备工作。其中，对绝缘工具应使用绝缘检测仪进行分段绝缘检测，绝缘电阻值不低于 700MΩ；查看绝缘斗臂车绝缘臂、绝缘斗良好，操作绝缘斗臂车进行空斗试操作等	
6	斗内作业人员进入绝缘斗，准备开始现场作业	斗内作业人员穿戴好绝缘防护用具，经工作负责人检查合格后，进入绝缘斗并将安全带保险钩系挂在斗内专用挂钩上，准备开始现场作业	
7	进入带电作业区域，开始现场作业工作	（1）获得工作负责人许可后，斗内电工操作绝缘斗臂车进入带电作业区域，开始现场作业工作	
		（2）工作负责人（或专责监护人）必须在工作现场行使监护职责，有效实施作业中的危险点、程序、质量和行为规范控制等	
		（3）绝缘斗臂车绝缘臂的有效绝缘长度应不小于 1.0m，绝缘操作杆的有效绝缘长度应不小于 0.7m	

序号	内容	要　　　求	√
7	进入带电作业区域，开始现场作业工作	（4）斗内电工应保持对地不小于 0.4m、对邻相导线不小于 0.6m 的安全距离，如不能确保该安全距离时，应采用绝缘遮蔽（隔离）措施，遮蔽用具之间的搭接部分不得小于 150mm，遮蔽动作应轻缓和规范	
		（5）作业时严禁人体同时接触两个不同的电位体	
		（6）绝缘斗内双人作业时，禁止同时在不同相或不同电位作业	
8	按规定正确验电	获得工作负责人许可后，操作绝缘斗臂车将绝缘斗调整至横担外侧适当位置，按规定使用验电器按照导线—绝缘子—横担—电杆的顺序进行验电，确认无漏电现象，测量三相线路电流确认线路空载	
9	方法 1：斗臂车用绝缘横担法	导线采用三角形排列时的操作步骤如下	
	（1）设置绝缘遮蔽（隔离）措施	获得工作负责人许可后，1 号和 2 号斗内电工分别转移绝缘斗至近边相导线外侧各自作业位置，按照"从近到远、从下到上、先带电体后接地体"的遮蔽原则，依次对作业中可能触及的近边相、远边相和中间相导线、绝缘子、横担等进行绝缘遮蔽（隔离）	
	（2）组装斗臂车用绝缘横担并固定三相导线	1）获得工作负责人许可后，2 号斗内电工在地面电工的配合下，在小吊臂上组装绝缘撑杆及绝缘横担	
		2）2 号斗内电工调整小吊臂先将两边相导线置于绝缘横担内的滑轮内并锁好保险，1 号斗内电工转移绝缘斗至合适位置拆除两边相导线针式绝缘子处绑扎线	
		3）2 号斗内电工操作绝缘撑杆缓慢上升至中间相导线处，将中间相导线固定到绝缘横担滑轮内并锁好保险，1 号斗内电工拆除中间相导线针式绝缘子处绑扎线	
		4）三相导线固定好后，2 号斗内电工操作绝缘撑杆缓慢上升支撑起三相导线，使导线抬升到合适高度后锁定绝缘撑杆	
	（3）拆除直线杆金具及绝缘子，安装耐张横担及绝缘子	1）获得工作负责人许可后，1 号斗内电工与杆上电工配合拆除直线杆金具及绝缘子（杆顶支架上的中间相针式绝缘子不拆除），安装耐张横担、绝缘子和连接金具等。 注：为便于后续作业中（开断导线前）两边相导线在横担上的固定，①方法一：在已遮蔽好的横担上放置专用耐张横担遮蔽罩固定两边相导线；②方法二：在耐张横担的两边相上装设针式绝缘子，开断导线前固定导线用（本项目采用此方法）	

序号	内容	要　　求	✓
9	（3）拆除直线杆金具及绝缘子，安装耐张横担及绝缘子	2）安装终端杆拉线并使拉线适当受力	
		3）斗内1号电工对新装耐张横担和电杆设置绝缘遮蔽隔离措施（如采用方法一，包括在横担上装设的专用耐张横担遮蔽罩）	
	（4）固定三相导线并拆除斗臂车用绝缘横担	1）获得工作负责人许可后，2号斗内电工操作斗臂车使三相导线缓缓下降，使中间相导线先下降到中间相绝缘子顶槽内扎牢并恢复绝缘遮蔽后，再将两边相导线下降到边相绝缘子顶槽内扎牢并恢复绝缘遮蔽	
		2）斗内2号电工用绝缘操作杆将绝缘横担上的滑轮闭锁保险打开，操作绝缘撑杆使绝缘横担缓缓脱离导线并拆除	
	（5）开断三相导线并制作耐张终端	1）获得工作负责人许可后，1号、2号斗内电工在耐张横担两侧使用绝缘紧线器将中间相导线固定好，同时适当收紧导线并做好后备保护	
		2）斗内1号电工用绝缘锁杆固定好中间相导线，2号斗内电工操作绝缘棘轮断线剪剪断开中间相导线	
		3）斗内1号电工将中间相导线固定到耐张线夹内制作耐张终端	
		4）拆除后备保护绳，拆除绝缘紧线器并恢复绝缘遮蔽	
		5）获得工作负责人许可后，按照同样方法开断两边相导线，制作耐张终端，并恢复绝缘遮蔽。 注：收紧导线后，在导线松线侧使用绝缘绳和卡线器做好放松导线临时固定措施，同时地面电工在电杆根部安装临时抱箍，将松线侧的绝缘绳（导线固定用）尾部在临时抱箍上固定	
	（6）拆除三相松线侧导线	1）获得工作负责人许可后，在终端杆拉线侧两边相同时放松紧线器，地面电工控制绝缘绳依次将近边相和远边相松线侧导线缓慢放松落地	
		2）两边相松线侧（不带电）导线拆除后，按照同样方法拆除中间相松线侧导线	
	（7）工作完成，拆除绝缘遮蔽（隔离）措施	获得工作负责人许可后，斗内电工按照"从远到近、从上到下、先接地体后带电体"的原则依次拆除中间相、远边相和近边相绝缘遮蔽（隔离），检查无遗留物后，转移绝缘斗退出带电作业工作区域，返回地面	

序号	内容	要　　求	√
10	方法2：杆顶用绝缘横担法	导线采用水平排列，杆顶用绝缘横担装在直线横担下方。以下为导线采用三角形排列时的操作步骤	
	（1）设置绝缘遮蔽（隔离）措施	获得工作负责人许可后，1号和2号斗内电工分别转移绝缘斗至近边相导线外侧各自作业位置，按照"从近到远、从下到上、先带电体后接地体"的遮蔽原则，依次对作业中可能触及的近边相、远边相和中间相导线、绝缘子、横担等进行绝缘遮蔽（隔离）	
	（2）安装电杆杆顶用绝缘横担并固定三相导线	1）获得工作负责人许可后，斗内电工使用绝缘小吊绳吊住中间相导线，1号斗内电工拆除中间相导线绑扎线并恢复绝缘遮蔽后，2号斗内电工起升小吊绳将导线缓慢提升至距中间相绝缘子0.4m以外	
		2）斗内1号电工拆除中间相绝缘子及杆顶支架，安装电杆杆顶用绝缘横担	
		3）斗内2号电工缓慢下降小吊绳将中相导线放至绝缘横担中间相卡槽内，锁好保险后解开小吊绳	
		4）按相同方法将两边相导线固定在绝缘横担相应卡槽内并锁好保险	
	（3）开断三相导线并制作耐张终端	1）获得工作负责人许可后，斗内电工将直线横担更换成耐张横担，挂好悬式绝缘子串及耐张线夹，安装好电杆拉线；对新装耐张横担和电杆设置绝缘遮蔽（隔离）措施	
		2）斗内电工将两边相导线放在已遮蔽的耐张横担上，并做好固定措施，调整绝缘斗位置分别将绝缘紧线器、卡线器固定于近边相和远边相导线上，进行紧线工作，收紧导线后在两边相导线松线侧使用绝缘绳和卡线器做好放松导线临时固定措施	
		3）地面电工在电杆根部安装临时抱箍，将两边相松线侧的绝缘绳（导线固定用）尾部在临时抱箍上固定，斗内电工依次开断近边相、远边相导线，并将带电导线固定到耐张线夹中，恢复绝缘遮蔽	
		4）地面电工控制绝缘绳依次将近边相和远边相松线侧导线缓慢放松落地，斗内电工同时缓慢松弛、拆除两边相绝缘紧线器，做好导线终端	
		5）斗内2号电工使用绝缘小吊绳提升中相导线，1号电工拆除杆顶绝缘横担，按照两边相的同样方法开断中间相导线并制作耐张终端	

序号	内容	要　　　求	√
10	（4）工作完成，拆除绝缘遮蔽（隔离）措施	获得工作负责人许可后，斗内电工按照"从远到近、从上到下、先接地体后带电体"的原则依次拆除中间相、远边相和近边相绝缘遮蔽（隔离），检查无遗留物后，转移绝缘斗退出带电作业工作区域，返回地面	

3.18.3　作业后的终结阶段

序号	内容	要　　　求	√
1	清理工具及现场	清点与整理工具、材料，清理现场做到工完料尽场地	
2	召开现场收工会	工作总结与点评，宣布工作结束	
3	工作终结	工作负责人向值班调控人员联系工作结束，办理工作终结	
4	作业人员撤离现场	本项工作结束	

3.19　带负荷更换熔断器

本作业项目：绝缘手套作业法（采用绝缘斗臂车作业）带负荷更换熔断器，工作人员共计 4 名，包括工作负责人（兼工作监护人）1 名、斗内电工（斗臂车作业）2 名、地面电工 1 名。

3.19.1　作业前的准备阶段

序号	内容	要　　　求	√
1	现场勘察	确定工作范围、作业方式，明确线路名称、杆号和工作任务，确定是否停用重合闸	
2	编制作业指导书（卡）和危险点预控措施卡	明确执行有标准，操作有流程，安全有措施，现场作业关键环节、关键点风险管控分析到位、预控措施落实到位	
3	办理工作票	履行工作票制度，规范填写和签发《配电带电作业工作票》	
4	召开班前会	学习作业指导书，明确作业方法、作业标准、安全措施、人员组织和任务分工	
5	工具、材料准备	检查与清点工具、材料齐全，外观完好无损，预防性试验合格，分类装箱办理出入库手续	

3.19.2 现场作业阶段

序号	内容	要　　求	√
1	现场复勘	工作负责人组织作业人员进行作业前现场复勘,现场核对线路名称和杆号,确认跌落式熔断器在合上位置,检查作业装置和现场环境符合带电作业条件	
2	履行工作许可手续	工作负责人按《配电带电作业工作票》内容与值班调控人员联系履行工作许可手续,在工作票上签字并记录许可时间	
3	布置工作现场,装设遮栏(围栏)和警告标志	工作负责人组织班组成员布置工作现场,安全围栏和出入口的设置应合理和规范,警告标志应齐全和明显,悬挂"在此工作、从此进出、施工现场以及车辆慢行或车辆绕行"标识牌	
4	召开现场站班会,宣读工作票并履行确认手续	工作负责人召集工作人员召开现场站班会,对工作班成员进行危险点告知,交待工作任务,交待安全措施和技术措施,检查工作班成员精神状态良好,作业人员合适,确认每一个工作班成员都已知晓后,履行确认手续在工作票上签名	
5	现场检查工器具,空斗试操作斗臂车,做好作业前的准备工作	工作负责人组织班组成员按照任务分工布置工作现场,整理工具、材料,对安全用具、绝缘工具进行现场检查,做好作业前的准备工作。其中,对绝缘工具应使用绝缘检测仪进行分段绝缘检测,绝缘电阻值不低于700MΩ;查看绝缘斗臂车绝缘臂、绝缘斗良好,操作绝缘斗臂车进行空斗试操作等;检查新熔断器的机电性能良好	
6	斗内作业人员进入绝缘斗,准备开始现场作业	斗内作业人员穿戴好绝缘防护用具,经工作负责人检查合格后,进入绝缘斗并将安全带保险钩系挂在斗内专用挂钩上,准备开始现场作业	
7	进入带电作业区域,开始现场作业工作	(1)获得工作负责人许可后,斗内电工操作绝缘斗臂车进入带电作业区域,开始现场作业工作	
		(2)工作负责人(或专责监护人)必须在工作现场行使监护职责,有效实施作业中的危险点、程序、质量和行为规范控制等	
		(3)绝缘斗臂车绝缘臂的有效绝缘长度应不小于1.0m,绝缘操作杆的有效绝缘长度应不小于0.7m	
		(4)斗内电工应保持对地不小于0.4m、对邻相导线不小于0.6m的安全距离,如不能确保该安全距离时,应采用绝缘遮蔽(隔离)措施,遮蔽用具之间的搭接部分不得小于150mm,遮蔽动作应轻缓和规范	

序号	内容	要 求	√
7	进入带电作业区域，开始现场作业工作	（5）作业时严禁人体同时接触两个不同的电位体	
		（6）绝缘斗内双人作业时，禁止同时在不同相或不同电位作业	
8	按规定正确验电	获得工作负责人许可后，操作绝缘斗臂车将绝缘斗调整至熔断器外侧适当位置，按规定使用验电器按照导线—熔断器—绝缘子—横担—电杆的顺序进行验电，确认无漏电现象，测量导线电流通流情况，确认负荷电流满足绝缘引流线使用要求	
9	设置绝缘遮蔽（隔离）措施	获得工作负责人许可后，斗内电工将绝缘斗调整至三相跌落式熔断器外侧适当位置，在近边相、远边相与中间相之间加装中间相绝缘隔离挡板后，按照"从近到远、从下到上、先带电体后接地体"的遮蔽原则，依次对近边相、远边相和中间相主导线、熔断器、上下引线、绝缘子、横担等进行绝缘遮蔽（隔离）	
10	安装绝缘引流线支架并用绝缘引流线逐相短接熔断器	（1）获得工作负责人许可后，斗内电工相互配合安装绝缘引流线支架	
		（2）斗内电工检查确认熔断器处于合闸位置，用电流检测仪检测三相导线电流满足分流要求	
		（3）地面电工将两端用绝缘毯遮蔽好的绝缘引流线传递给斗内电工	
		（4）斗内电工相互配合依次用绝缘引流线逐相短接熔断器。 注：短接三相熔断器可先按中间相、再两边相，或根据现场情况按由远及近的顺序依次短接	
		（5）斗内电工用电流检测仪检测确认三相绝缘引流线连接牢固、通流正常，斗内电工用绝缘操作杆依次拉开熔断器的熔丝管并取下	
11	更换三相熔断器	（1）获得工作负责人许可后，斗内电工将绝缘斗调整至近边相导线外侧适当位置，互相配合拆开近边相熔断器上、下引线，将引线作妥善固定并恢复绝缘遮蔽措施	
		（2）按相同的方法拆除其余两相引线。 注：拆除三相引线可按先两边相、后中间相或由近、到远的顺序依次进行	
		（3）斗内电工相互配合拆除旧熔断器，安装新熔断器，并对三相熔断器进行试操作，检查分合情况，最后将三相熔丝管取下	

序号	内容	要 求	√
11	更换三相熔断器	（4）斗内电工转移绝缘斗至合适作业位置，相互配合安装熔断器上、下引线，并恢复绝缘遮蔽隔离措施，其余两相熔断器引线搭接按相同的方法进行。 注：三相引线的搭接，可先中间相、后两边相，也可根据现场情况先远（外侧）、后近（内侧）的顺序依次进行	
		（5）三相引线搭接工作结束后，斗内电工挂上熔丝管，用绝缘操作杆依次合上三相熔丝管，用电流检测仪检测确认通流正常，恢复绝缘遮蔽措施	
12	拆除三相绝缘引流线和绝缘引流线支架	（1）获得工作负责人许可后，斗内电工相互配合逐相拆除绝缘引流线，并恢复导线处的绝缘遮蔽。 注：拆除绝缘引流线可按先两边相、后中间相或按从近、到远的顺序逐相进行	
		（2）斗内电工拆除绝缘引流线支架	
13	工作完成，拆除绝缘遮蔽（隔离）措施	获得工作负责人许可后，斗内电工按照"从远到近、从上到下、先接地体后带电体"的原则依次拆除中间相、远边相和近边相绝缘遮蔽（隔离），检查无遗留物后，转移绝缘斗退出带电作业工作区域，返回地面	

3.19.3　作业后的终结阶段

序号	内容	要 求	√
1	清理工具及现场	清点与整理工具、材料，清理现场做到工完料尽场地清	
2	召开现场收工会	工作总结与点评，宣布工作结束	
3	工作终结	工作负责人向值班调控人员联系工作结束，办理工作终结	
4	作业人员撤离现场	本项工作结束	

3.20　带负荷更换导线非承力线夹

　　本作业项目：绝缘手套作业法（采用绝缘斗臂车作业）带负荷更换导线非承力线夹，工作人员共计 4 名，包括工作负责人（兼工作监护人）1 名、斗内电工（斗臂车作业）2 名、地面电工 1 名。

3.20.1 作业前的准备阶段

序号	内容	要　　求	√
1	现场勘察	确定工作范围、作业方式，明确线路名称、杆号和工作任务，确定是否停用重合闸	
2	编制作业指导书（卡）和危险点预控措施卡	明确执行有标准，操作有流程，安全有措施，现场作业关键环节、关键点风险管控分析到位、预控措施落实到位	
3	办理工作票	履行工作票制度，规范填写和签发《配电带电作业工作票》	
4	召开班前会	学习作业指导书，明确作业方法、作业标准、安全措施、人员组织和任务分工	
5	工具、材料准备	检查与清点工具、材料齐全，外观完好无损，预防性试验合格，分类装箱办理出入库手续	

3.20.2 现场作业阶段

序号	内容	要　　求	√
1	现场复勘	工作负责人组织作业人员进行作业前现场复勘，现场核对线路名称和杆号，检查作业装置和现场环境符合带电作业条件	
2	履行工作许可手续	工作负责人按《配电带电作业工作票》内容与值班调控人员联系履行许可手续，在工作票上签字并记录许可时间	
3	布置工作现场，装设遮栏（围栏）和警告标志	工作负责人组织班组成员布置工作现场，安全围栏和出入口的设置应合理和规范，警告标志应齐全和明显，悬挂"在此工作、从此进出、施工现场以及车辆慢行或车辆绕行"标识牌	
4	召开现场站班会，宣读工作票并履行确认手续	工作负责人召集工作人员召开现场站班会，对工作班成员进行危险点告知，交待工作任务，交待安全措施和技术措施，检查工作班成员精神状态良好，作业人员合适，确认每一个工作班成员都已知晓后，履行确认手续在工作票上签名	
5	现场检查工器具，空斗试操作斗臂车，做好作业前的准备工作	工作负责人组织班组成员按照任务分工布置工作现场，整理工具、材料，对安全用具、绝缘工具进行现场检查，做好作业前的准备工作。其中，对绝缘工具应使用绝缘检测仪进行分段绝缘检测，绝缘电阻值不低于 $700M\Omega$；查看绝缘斗臂车绝缘臂、绝缘斗良好，操作绝缘斗臂车进行空斗试操作等	

序号	内容	要 求	√
6	斗内作业人员进入绝缘斗，准备开始现场作业	斗内作业人员穿戴好绝缘防护用具，经工作负责人检查合格后，进入绝缘斗并将安全带保险钩系挂在斗内专用挂钩上，准备开始现场作业	
7	进入带电作业区域，开始现场作业工作	（1）获得工作负责人许可后，斗内电工操作绝缘斗臂车进入带电作业区域，开始现场作业工作	
		（2）工作负责人（或专责监护人）必须在工作现场行使监护职责，有效实施作业中的危险点、程序、质量和行为规范控制等	
		（3）绝缘斗臂车绝缘臂的有效绝缘长度应不小于1.0m，绝缘操作杆的有效绝缘长度应不小于0.7m	
		（4）斗内电工应保持对地不小于0.4m、对邻相导线不小于0.6m的安全距离，如不能确保该安全距离时，应采用绝缘遮蔽（隔离）措施，遮蔽用具之间的搭接部分不得小于150mm，遮蔽动作应轻缓和规范	
		（5）作业时严禁人体同时接触两个不同的电位体	
		（6）绝缘斗内双人作业时，禁止同时在不同相或不同电位作业	
8	按规定正确验电	获得工作负责人许可后，操作绝缘斗臂车将绝缘斗调整至横担外侧适当位置，按规定使用验电器按照导线—绝缘子—横担—电杆的顺序进行验电，确认无漏电现象，测量导线电流通流情况，确认负荷电流满足绝缘引流线使用要求	
9	设置绝缘遮蔽（隔离）措施	获得工作负责人许可后，斗内电工将绝缘斗调整至待处理接头外侧适当位置，按照"从近到远、从下到上、先带电体后接地体"的遮蔽原则对作业范围内的带电体及接地体进行绝缘遮蔽（隔离）	
10	安装绝缘引流线支架、绝缘引流线及单相消弧开关	（1）获得工作负责人许可后，斗内电工装设绝缘引流线支架	
		（2）根据绝缘引流线长度，在适当位置打开导线的绝缘遮蔽，去除导线绝缘层	
		（3）使用绝缘绳将绝缘引流线临时固定在主导线上	
		（4）将处于断开状态的单相消弧开关静触头侧连接到主导线上，绝缘引流线两端头分别连接到单相消弧开关动触头侧和另一侧主导线上，并恢复连接处的遮蔽	

序号	内容	要求	√
10	安装绝缘引流线支架、绝缘引流线及单相消弧开关	（5）检查导线、绝缘引流线、单相负荷开关各点连接无误后，使用操作杆合上单相消弧开关	
		（6）使用电流检测仪测量绝缘引流线通流情况	
		（7）使用测温仪对导线连接处进行测温，待接头温度降至合适温度时对作业范围内的带电体和接地体进行绝缘遮蔽	
11	更换导线非承力线夹	（1）获得工作负责人许可后，最小范围打开导线连接处的遮蔽，进行非承力线夹处理	
		（2）处理完毕对连接处进行绝缘和密封处理，并及时恢复被拆除的绝缘遮蔽	
		（3）使用电流检测仪测量引流线通流情况无问题后，拉开单相消弧开关，拆除绝缘引流线、单相消弧开关和绝缘引流线支架	
12	工作完成，拆除绝缘遮蔽（隔离）措施	获得工作负责人许可后，斗内电工按照"从远到近、从上到下、先接地体后带电体"的原则拆除绝缘遮蔽（隔离），检查无遗留物后，转移绝缘斗退出带电作业工作区域，返回地面	

3.20.3 作业后的终结阶段

序号	内容	要求	√
1	清理工具及现场	清点与整理工具、材料，清理现场做到工完料尽场地清	
2	召开现场收工会	工作总结与点评，宣布工作结束	
3	工作终结	工作负责人向值班调控人员联系工作结束，办理工作终结	
4	作业人员撤离现场	本项工作结束	

3.21 带负荷更换柱上开关或隔离开关

本作业项目： 绝缘手套作业法（采用绝缘斗臂车作业）带负荷更换柱上开关或隔离开关，工作人员共计 5 名，包括工作负责人（兼工作监护人）1 名、斗内电工（1 号和 2 号斗臂车配合作业）2 名、地面电工 2 名。

3.21.1 作业前的准备阶段

序号	内容	要　求	√
1	现场勘察	确定工作范围、作业方式，明确线路名称、杆号和工作任务，确定是否停用重合闸	
2	编制作业指导书（卡）和危险点预控措施卡	明确执行有标准，操作有流程，安全有措施，现场作业关键环节、关键点风险管控分析到位、预控措施落实到位	
3	办理工作票	履行工作票制度，规范填写和签发《配电带电作业工作票》	
4	召开班前会	学习作业指导书，明确作业方法、作业标准、安全措施、人员组织和任务分工	
5	工具、材料准备	检查与清点工具、材料齐全，外观完好无损，预防性试验合格，分类装箱办理出入库手续	

3.21.2 现场作业阶段

序号	内容	要　求	√
1	现场复勘	工作负责人组织作业人员进行作业前现场复勘，现场核对线路名称和杆号，检查作业点及两侧的电杆根部、基础、导线固结牢固，检查柱上开关或隔离开关应在合上位置，具有配电网自动化功能的柱上开关，其电压互感器应退出运行，检查作业装置和现场环境符合带电作业条件	
2	履行工作许可手续	工作负责人按《配电带电作业工作票》内容与值班调控人员联系履行许可手续，在工作票上签字并记录许可时间	
3	布置工作现场，装设遮栏（围栏）和警告标志	工作负责人组织班组成员布置工作现场，安全围栏和出入口的设置应合理和规范，警告标志应齐全和明显，悬挂"在此工作、从此进出、施工现场以及车辆慢行或车辆绕行"标识牌	
4	召开现场站班会，宣读工作票并履行确认手续	工作负责人召集工作人员召开现场站班会，对工作班成员进行危险点告知，交待工作任务，交待安全措施和技术措施，检查工作班成员精神状态良好，作业人员合适，确认每一个工作班成员都已知晓后，履行确认手续在工作票上签名	

序号	内容	要　　求	√
5	现场检查工器具，空斗试操作斗臂车，做好作业前的准备工作	工作负责人组织班组成员按照任务分工布置工作现场，整理工具、材料，对安全用具、绝缘工具进行现场检查，做好作业前的准备工作。其中，对绝缘工具应使用绝缘检测仪进行分段绝缘检测，绝缘电阻值不低于 700MΩ；检查测试新柱上负荷开关或隔离开关设备机电性能良好	
6	斗内作业人员进入绝缘斗，准备开始现场作业	斗内作业人员穿戴好绝缘防护用具，经工作负责人检查合格后，进入绝缘斗并将安全带保险钩系挂在斗内专用挂钩上，准备开始现场作业	
7	进入带电作业区域，开始现场作业工作	（1）获得工作负责人许可后，斗内电工操作绝缘斗臂车进入带电作业区域，开始现场作业工作	
		（2）工作负责人（或专责监护人）必须在工作现场行使监护职责，有效实施作业中的危险点、程序、质量和行为规范控制等	
		（3）绝缘斗臂车绝缘臂的有效绝缘长度应不小于 1.0m，绝缘操作杆的有效绝缘长度应不小于 0.7m	
		（4）斗内电工应保持对地不小于 0.4m、对邻相导线不小于 0.6m 的安全距离，如不能确保该安全距离时，应采用绝缘遮蔽（隔离）措施，遮蔽用具之间的搭接部分不得小于 150mm，遮蔽动作应轻缓和规范	
		（5）作业时严禁人体同时接触两个不同的电位体	
		（6）绝缘斗内双人作业时，禁止同时在不同相或不同电位作业	
		（7）本项目中带负荷更换三相柱上隔离开关时，由于隔离开关桩头对地安全距离不足，须采用加装绝缘隔离挡板（包括隔离开关专用的相间绝缘隔离挡板，横向安装在隔离开关支柱绝缘子上的绝缘隔离挡板）	
8	按规定正确验电	获得工作负责人许可后，操作绝缘斗臂车将绝缘斗调整至横担外侧适当位置，按规定使用验电器按照：导线—绝缘子—横担—柱上负荷开关或隔离开关支架—电杆的顺序进行验电，确认无漏电现象；测量导线电流通流情况，确认负荷电流满足绝缘引流线使用要求，确认柱上开关无异常情况	

序号	内容	要　　求	√
9	项目1：绝缘引流线法带负荷更换三相隔离开关（绝缘引流线法）	采用绝缘引流线法带负荷更换三相隔离开关的操作步骤如下	
	（1）设置绝缘遮蔽（隔离）措施	获得工作负责人许可后，1号和2号斗内电工分别转移绝缘斗至近边相导线外侧各自作业位置，按照"从近到远、从下到上、先带电体后接地体"的遮蔽原则对作业范围内的带电体及接地体进行绝缘遮蔽（隔离）：导线、柱上隔离开关引线、耐张线夹、隔离开关、耐张绝缘子串以及近边相隔离开关上部横担等，包括隔离开关专用的相间绝缘隔离挡板，横向安装在隔离开关支柱绝缘子上的绝缘隔板等；遮蔽（隔离）顺序应先两边相、再中间相	
	（2）安装绝缘引流线支架并用绝缘引流线逐相短接隔离开关	1）获得工作负责人许可后，斗内电工互相配合安装绝缘引流线支架	
		2）斗内电工检查确认隔离开关处于合闸位置，用电流检测仪检测三相导线电流满足分流要求	
		3）地面电工将两端用绝缘毯遮蔽好的绝缘引流线传递给斗内电	
		4）斗内电工相互配合依次用绝缘引流线逐相短接隔离开关。注：短接隔离开关可先按中间相、再两边相，或根据现场情况按由远及近的顺序依次短接	
		5）斗内电工用电流检测仪检测确认三相绝缘引流线连接牢固、通流正常后，斗内电工用绝缘操作杆依次拉开隔离开关，并做好防止隔离开关误合的措施	
	（3）拆除三相隔离开关引线	1）获得工作负责人许可后，斗内电工调整绝缘斗至近边相合适位置，将柱上隔离开关引线从主导线上拆开，妥善固定并及时恢复主导线处的绝缘遮蔽（隔离）	
		2）按照相同方法依次拆除远边相和中间相隔离开关引线。注：带有避雷器的隔离开关引线，应用绝缘锁杆临时固定引线和主导线，待拆除接续线夹后，调整绝缘斗位置后将引线脱离主导线；如隔离开关引线从耐张线夹引出，可从隔离开关接线柱拆开引线，将引线固定在同相主导线上并恢复绝缘遮蔽（隔离）	

序号	内容	要　　求	√
9	（4）更换三相隔离开关	1）获得工作负责人许可后，1号和2号绝缘斗臂车相互配合使用绝缘吊臂拆除中间相柱上隔离开关，安装新柱上隔离开关，进行分、合试操作调试，然后将柱上隔离开关置于断开位置，在柱上隔离开关相间、两侧各自桩头上加装绝缘隔离挡板	
		2）斗内电工相互配合恢复中间相柱上隔离开关引线，恢复新安装柱上隔离开关的绝缘遮蔽（隔离）	
		3）斗内电工相互配合恢复中间相柱上隔离开关引线（带有避雷器的隔离开关引线，应用绝缘锁杆临时将引线固定在主导线后再搭接）	
		4）恢复新安装柱上隔离开关的绝缘遮蔽措施	
		5）引线连接可靠后，斗内电工用绝缘操作杆合上中间相柱上隔离开关，用电流检测仪检测确认通流正常，恢复绝缘遮蔽措施	
		6）按照相同方法，斗内电工相互配合依次更换两边相柱上隔离开关	
	（5）拆除三相绝缘引流线和绝缘引流线支架	获得工作负责人许可后，斗内电工相互配合逐相拆除绝缘引流线，并恢复导线处的绝缘遮蔽。注：拆除绝缘引流线可按先两边相、后中间相或按从近、到远的顺序逐相进行	
	（6）工作完成，拆除绝缘遮蔽（隔离）措施	获得工作负责人许可后，斗内电工按照"从远到近、从上到下、先接地体后带电体"的原则依次拆除中间相、远边相和近边相绝缘遮蔽（隔离），检查无遗留物后，转移绝缘斗退出带电作业工作区域，返回地面	
10	项目2：带负荷更换柱上负荷开关（旁路负荷开关法或旁路作业法）	本项目带负荷更换柱上开关或隔离开关，可采用上述的"绝缘引流线法"进行带负荷更换，也可采用目前正在推广的"旁路负荷开关法或旁路作业法"（即通过负荷开关和旁路引下电缆搭建"旁路"进行负荷转移作业），此作业方法适合于所有带负荷作业的项目，其主要操作步骤如下	

序号	内容	要　　求	√
10	（1）安装旁路负荷开关	斗内电工设置好绝缘遮蔽措施后，斗内电工在地面电工的配合下，在柱上开关下侧电杆合适位置安装旁路负荷开关（包括旁路负荷开关的可靠接地）和余缆支架，并将旁路高压引下电缆快速插拔终端接续到旁路负荷开关两侧接口。合上旁路负荷开关进行绝缘检测，检测合格后应充分放电，并拉开旁路负荷开关	
	（2）安装旁路引下电缆	确认旁路开关在断开状态下，斗内电工将中间相旁路高压引下电缆的引流线夹安装到中间相架空导线上，并挂好防坠绳，补充绝缘遮蔽措施。其他两相的旁路高压引下电缆的引流线夹按照相同的方法挂接好。三相旁路高压引下电缆可按照由远到近或先中间相再两边相的顺序挂接	
	（3）合上负荷开关，旁路回路投入运行	确认三相旁路电缆连接可靠，核相正确无误后，斗内1号电工用绝缘操作杆合上旁路负荷开关，锁死跳闸机构并确认，逐相测量三相旁路电缆电流，确认每相分流正常	
	（4）更换柱上负荷开关	1）斗内1号电工将绝缘斗调整到柱上开关合适位置，用绝缘操作杆拉开柱上负荷开关	
		2）斗内1号、2号电工依次将柱上开关负荷侧引线拆除，恢复导线绝缘遮蔽。拆引线前需用绝缘锁杆将引线线头临时固定在主导线上，线夹拆除后，应用锁杆将引线脱离主导线	
		3）斗内电工与地面电工相互配合，利用绝缘斗臂车小吊更换柱上负荷开关，并调试正常	
		4）确认柱上开关及隔离开关在断开状态，斗内1号、2号电工依次分别连接柱上开关负荷侧引线，并恢复导线、引线绝缘遮蔽。接引线前需用绝缘锁杆将引线线头临时固定在主导线上，再安装接续线夹	
		5）斗内1号电工将绝缘斗调整到合适位置，合上柱上负荷开关，逐相测量柱上负荷开关三相引线电流，确认每相电流分流正常	
	（5）断开负荷开关，旁路回路退出运行	斗内1号电工调整绝缘斗到旁路负荷开关合适位置，断开旁路负荷开关，锁死闭锁机构，并确认柱上负荷开关三相引线通流正常	

序号	内容	要　　　求	√
10	（6）工作完成，拆除旁路高压引下电缆和旁路负荷开关	1）斗内 1、2 号电工调整绝缘斗位置依次拆除三相旁路高压引下电缆引流线夹。三相的顺序可按由近到远或先两边相再中间相进行。合上旁路负荷开关，对旁路设备充分放电，并拉开旁路负荷开关	
		2）斗内电工与地面电工相互配合，拆除旁路高压引下电缆和旁路负荷开关	

3.21.3　作业后的终结阶段

序号	内容	要　　　求	√
1	清理工具及现场	清点与整理工具、材料，清理现场做到工完料尽场地清	
2	召开现场收工会	工作总结与点评，宣布工作结束	
3	工作终结	工作负责人向值班调控人员联系工作结束，办理工作终结	
4	作业人员撤离现场	本项工作结束	

3.22　带负荷直线杆改耐张杆

本作业项目：绝缘手套作业法（采用绝缘斗臂车作业）带负荷直线杆改耐张杆，工作人员共计 5 名，包括工作负责人（兼工作监护人）1 名、斗内电工（1 号和 2 号斗臂车配合作业）2 名、地面电工 2 名。

3.22.1　作业前的准备阶段

序号	内容	要　　　求	√
1	现场勘察	确定工作范围、作业方式，明确线路名称、杆号和工作任务，确定是否停用重合闸	
2	编制作业指导书（卡）和危险点预控措施卡	明确执行有标准，操作有流程，安全有措施，现场作业关键环节、关键点风险管控分析到位、预控措施落实到位	
3	办理工作票	履行工作票制度，规范填写和签发《配电带电作业工作票》	

序号	内容	要　　　求	√
4	召开班前会	学习作业指导书，明确作业方法、作业标准、安全措施、人员组织和任务分工	
5	工具、材料准备	检查与清点工具、材料齐全，外观完好无损，预防性试验合格，分类装箱办理出入库手续	

3.22.2　现场作业阶段

序号	内容	要　　　求	√
1	现场复勘	工作负责人组织作业人员进行作业前现场复勘，现场核对线路名称和杆号，检查作业点及两侧的电杆根部、基础、导线固结牢固，检查作业装置和现场环境符合带电作业条件	
2	履行工作许可手续	工作负责人按《配电带电作业工作票》内容与值班调控人员联系履行许可手续，在工作票上签字并记录许可时间	
3	布置工作现场，装设遮栏（围栏）和警告标志	工作负责人组织班组成员布置工作现场，安全围栏和出入口的设置应合理和规范，警告标志应齐全和明显，悬挂"在此工作、从此进出、施工现场以及车辆慢行或车辆绕行"标识牌	
4	召开现场站班会，宣读工作票并履行确认手续	工作负责人召集工作人员召开现场站班会，对工作班成员进行危险点告知，交待工作任务，交待安全措施和技术措施，检查工作班成员精神状态良好，作业人员合适，确认每一个工作班成员都已知晓后，履行确认手续在工作票上签名	
5	现场检查工器具，空斗试操作斗臂车，做好作业前的准备工作	工作负责人组织班组成员按照任务分工布置工作现场，整理工具、材料，对安全用具、绝缘工具进行现场检查，做好作业前的准备工作。其中，对绝缘工具应使用绝缘检测仪进行分段绝缘检测，绝缘电阻值不低于700MΩ	
6	斗内作业人员进入绝缘斗，准备开始现场作业	斗内作业人员穿戴好绝缘防护用具，经工作负责人检查合格后，进入绝缘斗并将安全带保险钩系挂在斗内专用挂钩上，准备开始现场作业	
7	进入带电作业区域，开始现场作业工作	（1）获得工作负责人许可后，斗内电工操作绝缘斗臂车进入带电作业区域，开始现场作业工作	
		（2）工作负责人（或专责监护人）必须在工作现场行使监护职责，有效实施作业中的危险点、程序、质量和行为规范控制等	

序号	内容	要 求	√
7	进入带电作业区域，开始现场作业工作	（3）绝缘斗臂车绝缘臂的有效绝缘长度应不小于1.0m，绝缘操作杆的有效绝缘长度应不小于0.7m	
		（4）斗内电工应保持对地不小于0.4m、对邻相导线不小于0.6m的安全距离，如不能确保该安全距离时，应采用绝缘遮蔽（隔离）措施，遮蔽用具之间的搭接部分不得小于150mm，遮蔽动作应轻缓和规范	
		（5）作业时严禁人体同时接触两个不同的电位体	
		（6）绝缘斗内双人作业时，禁止同时在不同相或不同电位作业	
8	按规定正确验电	获得工作负责人许可后，操作绝缘斗臂车将绝缘斗调整至横担外侧适当位置，按规定使用验电器按照导线—绝缘子—横担—电杆的顺序进行验电，确认无漏电现象；测量导线电流通流情况，确认负荷电流满足绝缘引流线使用要求	
9	设置绝缘遮蔽（隔离）措施	获得工作负责人许可后，斗内电工分别转移绝缘斗至近边相导线外侧各自作业位置，按照"从近到远、从下到上、先带电体后接地体"的遮蔽原则对作业范围内的近边相、远边相和中间相导线、绝缘子、横担、杆顶等进行绝缘遮蔽（隔离）	
10	组装斗臂车用绝缘横担并固定导线	（1）获得工作负责人许可后，2号斗内电工在地面电工的配合下，在吊臂上组装绝缘撑杆及绝缘横担	
		（2）斗内2号电工转移绝缘斗至被提升导线的下方，调整吊臂先将两边相导线置于绝缘横担上的滑轮内并锁好保险，1号斗内电工转移绝缘斗至合适位置拆除两边相导线针式绝缘子处绑扎线	
		（3）斗内2号电工操作绝缘撑杆缓慢上升至中间相导线处，将中间相导线固定到绝缘横担滑轮内并锁好保险，1号斗内电工拆除中间相导线针式绝缘子处绑扎线	
		（4）三相导线固定好后，2号斗内电工操作将绝缘撑杆缓慢上升支撑起三相导线，使导线抬升到合适高度后锁定绝缘撑杆	
11	拆除直线杆金具及绝缘子，安装耐张横担及绝缘子	（1）获得工作负责人许可后，1号斗内电工与登至杆上的电工配合拆除直线杆金具及绝缘子（杆顶支架上的中间相针式绝缘子不拆除），安装耐张横担、绝缘子和连接金具等	
		（2）号斗内电工对新装耐张横担和电杆设置绝缘遮蔽隔离措施（包括在横担上安装专用耐张横担遮蔽罩）	

序号	内容	要　　求	√
12	固定三相导线并拆除斗臂车用绝缘横担	（1）获得工作负责人许可后，2号斗内电工操作斗臂车使三相导线缓缓下降，由1号斗内电工使中间相导线先下降到中间相绝缘子顶槽内扎牢后，恢复绝缘子处绝缘遮蔽	
		（2）斗内2号电工操作斗臂车将两边相导线缓缓下降，由1号斗内电工逐一将套有导线遮蔽罩的两边相导线放置在耐张横担遮蔽罩上并固定	
		（3）斗内2号电工用绝缘操作杆将绝缘横担上的滑轮闭锁保险打开，操作绝缘撑杆使绝缘横担缓缓脱离导线并拆除	
13	安装绝缘引流线支架，确认线路负荷电流并安装三相绝缘引流线	（1）获得工作负责人许可后，斗内电工在耐张横担下侧合适处安装固定好绝缘引流线支架	
		（2）斗内电工用电流检测仪检测三相导线电流满足分流要求	
		（3）地面电工将两端用绝缘毯遮蔽好的绝缘引流线传递给斗内电工	
		（4）斗内电工相互配合在三相导线的合适作业位置打开导线上搭接绝缘引流线部位的绝缘遮蔽措施，剥去导线绝缘层、清除导线氧化层，安装好绝缘引流线，恢复其线夹处的绝缘遮蔽措施，同时将绝缘引流线在绝缘引流线支架上可靠支撑	
14	开断三相导线为耐张连接，并拆除绝缘引流线支架	（1）获得工作负责人许可后，1号、2号斗内电工在耐张横担两侧使用绝缘紧线器将中间相导线固定好，同时适当收紧导线并做好后备保护绳	
		（2）斗内1号电工用绝缘锁杆固定好中间相导线，2号斗内电工操作绝缘棘轮断线剪断开中间相导线	
		（3）斗内1号电工将中间相导线固定到耐张线夹内	
		（4）斗内1号、2号电工相互配合接续中间相导线引线	
		（5）拆除后备保护绳，拆除绝缘紧线器并恢复绝缘遮蔽	
		（6）斗内1号电工用电流检测仪检测中间相主导线电流，确认通流正常	
		（7）斗内电工转移绝缘斗到合适作业位置，相互配合拆除中间相绝缘引流线，恢复绝缘遮蔽措施，操作小吊臂吊绳将绝缘引流线传递至地面	

序号	内容	要　　求	√
14	开断三相导线为耐张连接，并拆除绝缘引流线支架	（8）按照同样方法依次开断两边相导线为耐张连接，并接续远边相和中间相导线引线	
		（9）三相引线接续工作结束后，拆除耐张横担遮蔽罩和绝缘引流线支架	
15	工作完成，拆除绝缘遮蔽（隔离）措施	获得工作负责人许可后，斗内电工按照按照"从远到近、从上到下、先接地体后带电体"的原则依次拆除中间相、远边相和近边相绝缘遮蔽（隔离），检查无遗留物后，转移绝缘斗退出带电作业工作区域，返回地面	

3.22.3　作业后的终结阶段

序号	内容	要　　求	√
1	清理工具及现场	清点与整理工具、材料，清理现场做到工完料尽场地清	
2	召开现场收工会	工作总结与点评，宣布工作结束	
3	工作终结	工作负责人向值班调控人员联系工作结束，办理工作终结	
4	作业人员撤离现场	本项工作结束	

3.23　带电断空载电缆线路与架空线路连接引线

本作业项目：绝缘手套作业法（采用绝缘斗臂车）带电断空载电缆线路与架空线路连接引线，工作人员共计 4 名，包括工作负责人（兼工作监护人）1 名、斗内电工（斗臂车作业）2 名、地面电工 1 名。

注：根据 Q/GDW 710—2012《10kV 电缆线路不停电作业技术导则》的规定：①带电断架空线路与空载电缆线路连接引线应采用带电作业用消弧开关进行，不应直接带电断开电缆线路引线，其线路结构图及带电作业用消弧开关如图 3-1 所示；②带电断开架空线路与空载电缆线路连接引线之前，应通过测量引线电流确认电缆处于空载状态，每相电流应小于 5A（当空载电流大于 0.1A 小于 5A 时，应用消弧开关断架空线路与空载电缆线路引线）。

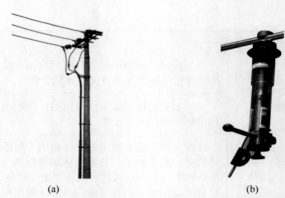

| (a) | (b) |

图3-1 带电断空载电缆线路连接引线线路结构图及带电作业用消弧开关

（a）线路结构；（b）带电作业用消弧开关

3.23.1 作业前的准备阶段

序号	内容	要　　求	√
1	现场勘察	确定工作范围、作业方式，明确线路名称、杆号和工作任务，确定是否停用重合闸	
2	编制作业指导书（卡）和危险点预控措施卡	明确执行有标准，操作有流程，安全有措施，现场作业关键环节、关键点风险管控分析到位、预控措施落实到位	
3	办理工作票	履行工作票制度，规范填写和签发《配电带电作业工作票》	
4	召开班前会	学习作业指导书，明确作业方法、作业标准、安全措施、人员组织和任务分工	
5	工具、材料准备	检查与清点工具、材料齐全，外观完好无损，预防性试验合格，分类装箱办理出入库手续	

3.23.2 现场作业阶段

序号	内容	要　　求	√
1	现场复勘	工作负责人组织作业人员进行作业前现场复勘，现场核对线路名称和杆号，与运行部门共同确认电缆负荷侧的开关或隔离开关等已断开，电缆线路已空载，检查作业装置和现场环境符合带电作业条件	
2	履行工作许可手续	工作负责人按《配电带电作业工作票》内容与值班调控人员联系履行许可手续，在工作票上签字并记录许可时间	

序号	内容	要　　求	√
3	布置工作现场，装设遮栏（围栏）和警告标志	工作负责人组织班组成员布置工作现场，安全围栏和出入口的设置应合理和规范，警告标志应齐全和明显，悬挂"在此工作、从此进出、施工现场以及车辆慢行或车辆绕行"标识牌	
4	召开现场站班会，宣读工作票并履行确认手续	工作负责人召集工作人员召开现场站班会，对工作班成员进行危险点告知，交待工作任务，交待安全措施和技术措施，检查工作班成员精神状态良好，作业人员合适，确认每一个工作班成员都已知晓后，履行确认手续在工作票上签名	
5	现场检查工器具，空斗试操作斗臂车，做好作业前的准备工作	工作负责人组织班组成员按照任务分工布置工作现场，整理工具、材料，对安全用具、绝缘工具进行现场检查，做好作业前的准备工作。其中，对绝缘工具应使用绝缘检测仪进行分段绝缘检测，绝缘电阻值不低于 700MΩ；检查确认消弧开关处于断开位置并闭锁	
6	斗内作业人员进入绝缘斗，准备开始现场作业	斗内作业人员穿戴好绝缘防护用具，经工作负责人检查合格后，进入绝缘斗并将安全带保险钩系挂在斗内专用挂钩上，准备开始现场作业	
7	进入带电作业区域，开始现场作业工作	（1）获得工作负责人许可后，斗内电工操作绝缘斗臂车进入带电作业区域，开始现场作业工作	
		（2）工作负责人（或专责监护人）必须在工作现场行使监护职责，有效实施作业中的危险点、程序、质量和行为规范控制等	
		（3）绝缘斗臂车绝缘臂的有效绝缘长度应不小于 1.0m，绝缘操作杆的有效绝缘长度应不小于 0.7m	
		（4）斗内电工应保持对地不小于 0.4m、对邻相导线不小于 0.6m 的安全距离，如不能确保该安全距离时，应采用绝缘遮蔽（隔离）措施，遮蔽用具之间的搭接部分不得小于 150mm，遮蔽动作应轻缓和规范	
		（5）作业时严禁人体同时接触两个不同的电位体	
		（6）绝缘斗内双人作业时，禁止同时在不同相或不同电位作业	
		（7）在消弧开关和电缆终端间安装绝缘引流线，应先接无电端、再接有电端；拆除消弧开关和电缆终端间绝缘引流线，应先拆有电端、再拆无电端	

序号	内容	要　　求	√
8	按规定正确验电	获得工作负责人许可后，操作绝缘斗臂车将绝缘斗调整至横担外侧适当位置，按规定使用验电器按照导线—绝缘子—横担—电缆过渡支架—电杆的顺序进行验电，确认无漏电现象；使用电流检测仪测量三相电缆引线空载电流，确认应不大于 5A（当空载电流大于 0.1A 小于 5A 时，应用消弧开关断架空线路与空载电缆线路引线）	
9	设置绝缘遮蔽（隔离）措施	获得工作负责人许可后，斗内电工将绝缘斗调整至近边相架空导线外侧适当位置，按照"从近到远、从下到上、先带电体后接地体"的遮蔽原则对作业范围内的近边相、远边相和中间相架空导线、绝缘子、电缆引线和电缆安装支架等依次进行绝缘遮蔽（隔离），包括安装电缆引线之间的绝缘挡板和电缆头隔离罩等。 注：绝缘遮蔽（隔离）可按先两边相、再中间相或按由近到远的顺序逐相进行	
10	安装带电作业用消弧开关，并用绝缘引流线将其与空载电缆引线连接	（1）获得工作负责人许可后，斗内电工检查确认消弧开关在断开位置并闭锁，将消弧开关挂接到近边相架空导线合适位置上，如是绝缘导线应先将挂接处绝缘层剥离，在消弧开关拆除后须对绝缘导线进行防水处理	
		（2）地面电工将两端用绝缘毯遮蔽好的绝缘引流线传递给斗内电工	
		（3）斗内电工用绝缘引流线的引流线夹连接消弧开关下端的导电杆和同相位电缆终端接线端子上（即电缆过渡支架处电缆终端与过渡引线的连接部位），完成后恢复绝缘遮蔽（隔离）	
		（4）斗内电工检查无误后，取下安全销钉用绝缘操作杆合上消弧开关，插入安全销钉并确认	
		（5）斗内电工用电流检测仪测量电缆引线电流，确认分流正常	
11	拆除电缆引线	（1）获得工作负责人许可后，斗内电工将绝缘斗调整到近边相导线外侧适当位置，斗内电工用绝缘锁杆将电缆引线线头临时固定在同相位架空导线后，在架空导线处拆除接续线夹，并将拆开的引线固定和遮蔽好，如过渡引线从耐张线夹处穿出，可在电缆过渡支架处拆引线，并用锁杆固定在同相位架空导线上	

序号	内容	要　　求	√
11	拆除电缆引线	（2）斗内电工用绝缘操作杆断开消弧开关，插入安全销钉并确认	
		（3）斗内电工从电缆过渡支架和消弧开关导电杆处拆除绝缘引流线线夹后，将消弧开关从近边相架空导线上取下，该相工作结束	
		（4）按照相同的方法依次断开远边相和中间相电缆引线。 注：三相引线的拆除，可按由近（内侧）、至远（外侧）或根据现场情况先两边相、后中间相的顺序，逐相拆除	
12	工作完成，拆除绝缘遮蔽（隔离）措施	获得工作负责人许可后，斗内电工按照按照"从远到近、从上到下、先接地体后带电体"的原则依次拆除中间相、远边相和近边相绝缘遮蔽（隔离），检查无遗留物后，转移绝缘斗退出带电作业工作区域，返回地面	

3.23.3　作业后的终结阶段

序号	内容	要　　求	√
1	清理工具及现场	清点与整理工具、材料，清理现场做到工完料尽场地清	
2	召开现场收工会	工作总结与点评，宣布工作结束	
3	工作终结	工作负责人向值班调控人员联系工作结束，办理工作终结	
4	作业人员撤离现场	本项工作结束	

3.24　带电接空载电缆线路与架空线路连接引线

本作业项目：绝缘手套作业法（采用绝缘斗臂车）带电接空载电缆线路与架空线路连接引线，工作人员共计 4 名，包括工作负责人（兼工作监护人）1名、斗内电工（斗臂车作业）2名、地面电工 1名。

注：根据 Q/GDW 710—2012《10kV 电缆线路不停电作业技术导则》的规定：①带电接架空线路与空载电缆线路连接引线应采用带电作业用消弧开关进行，不应直接带电接入电缆

线路引线，其线路结构图及带电作业用消弧开关见《3.24 带电断空载电缆线路与架空线路连接引线》中图 3-1 所示；②带电接空载电缆线路连接引线之前，应采用到电缆末端确认负荷已断开等方式确认电缆处于空载状态，并对电缆引线验电，确认无电，确认负荷断开后，方可进行工作。

3.24.1 作业前的准备阶段

序号	内容	要　　　　求	√
1	现场勘察	确定工作范围、作业方式，明确线路名称、杆号和工作任务，确定是否停用重合闸	
2	编制作业指导书（卡）和危险点预控措施卡	明确执行有标准，操作有流程，安全有措施，现场作业关键环节、关键点风险管控分析到位、预控措施落实到位	
3	办理工作票	履行工作票制度，规范填写和签发《配电带电作业工作票》	
4	召开班前会	学习作业指导书，明确作业方法、作业标准、安全措施、人员组织和任务分工	
5	工具、材料准备	检查与清点工具、材料齐全，外观完好无损，预防性试验合格，分类装箱办理出入库手续	

3.24.2 现场作业阶段

序号	内容	要　　　　求	√
1	现场复勘	工作负责人组织作业人员进行作业前现场复勘，现场核对线路名称和杆号，与运行部门共同确认电缆负荷侧开关处于断开位置，电缆线路确已空载、无接地，出线电缆符合送电要求，检查作业装置和现场环境符合带电作业条件	
2	履行工作许可手续	工作负责人按《配电带电作业工作票》内容与值班调控人员联系履行许可手续，在工作票上签字并记录许可时间	
3	布置工作现场，装设遮栏（围栏）和警告标志	工作负责人组织班组成员布置工作现场，安全围栏和出入口的设置应合理和规范，警告标志应齐全和明显，悬挂"在此工作、从此进出、施工现场以及车辆慢行或车辆绕行"标识牌	
4	召开现场站班会，宣读工作票并履行确认手续	工作负责人召集工作人员召开现场站班会，对工作班成员进行危险点告知，交待工作任务，交待安全措施和技术措施，检查工作班成员精神状态良好，作业人员合适，确认每一个工作班成员都已知晓后，履行确认手续在工作票上签名	

序号	内容	要　求	√
5	现场检查工器具，空斗试操作斗臂车，做好作业前的准备工作	工作负责人组织班组成员按照任务分工布置工作现场，整理工具、材料，对安全用具、绝缘工具进行现场检查，做好作业前的准备工作。其中，对绝缘工具应使用绝缘检测仪进行分段绝缘检测，绝缘电阻值不低于 700MΩ；检查确认消弧开关处于断开位置并闭锁	
6	斗内作业人员进入绝缘斗，准备开始现场作业	斗内作业人员穿戴好绝缘防护用具，经工作负责人检查合格后，进入绝缘斗并将安全带保险钩系挂在斗内专用挂钩上，准备开始现场作业	
7	进入带电作业区域，开始现场作业工作	（1）获得工作负责人许可后，斗内电工操作绝缘斗臂车进入带电作业区域，开始现场作业工作	
		（2）工作负责人（或专责监护人）必须在工作现场行使监护职责，有效实施作业中的危险点、程序、质量和行为规范控制等	
		（3）绝缘斗臂车绝缘臂的有效绝缘长度应不小于1.0m，绝缘操作杆的有效绝缘长度应不小于0.7m	
		（4）斗内电工应保持对地不小于0.4m、对邻相导线不小于0.6m的安全距离，如不能确保该安全距离时，应采用绝缘遮蔽（隔离）措施，遮蔽用具之间的搭接部分不得小于150mm，遮蔽动作应轻缓和规范	
		（5）作业时严禁人体同时接触两个不同的电位体	
		（6）绝缘斗内双人作业时，禁止同时在不同相或不同电位作业	
		（7）在消弧开关和电缆终端间安装绝缘引流线，应先接无电端、再接有电端；拆除消弧开关和电缆终端间绝缘引流线，应先拆有电端、再拆无电端	
8	按规定正确验电	获得工作负责人许可后，操作绝缘斗臂车将绝缘斗调整至横担外侧适当位置，按规定使用验电器按照导线—绝缘子—横担—电缆过渡支架—电杆的顺序进行验电，确认无漏电现象；使用绝缘电阻检测仪检查确认待接入电缆线路确已空载且无接地后方可进行工作，检测完成后应充分放电	

序号	内容	要　　　求	√
9	设置绝缘遮蔽（隔离）措施	设置绝缘遮蔽（隔离）措施。获得工作负责人许可后，斗内电工将绝缘斗调整至近边相架空导线外侧适当位置，按照"从近到远、从下到上、先带电体后接地体"的遮蔽原则对作业范围内的近边相、远边相和中间相架空导线、绝缘子等进行绝缘遮蔽。 　　注：绝缘遮蔽可按先两边相、再中间相或按由近（内侧）到远（外侧）的顺序逐相进行	
10	测量待接三相引线长度符合接续要求	获得工作负责人许可后，斗内电工用绝缘操作杆进行测量，根据长度做好搭接的准备工作，如是绝缘导线引线，需剥除绝缘层，清除搭接处导线上的氧化层，涂上导电脂，符合接续要求，并对三相引线与电缆过渡支架设置绝缘遮蔽（隔离），包括安装电缆引线之间的绝缘挡板和电缆头隔离罩等	
11	安装带电作业用消弧开关，并用绝缘引流线将其与空载电缆引线连接	（1）获得工作负责人许可后，斗内电工检查确认消弧开关在断开位置并闭锁后，将消弧开关挂接到中间相架空导线合适位置上，如是绝缘导线，应先将挂接处绝缘层剥离，在消弧开关拆除后须对绝缘导线进行防水处理	
		（2）地面电工将两端用绝缘毯遮蔽好的绝缘引流线传递给斗内电工	
		（3）斗内电工用绝缘引流线的引流线夹连接消弧开关下端的导电杆和同相位电缆终端接线端子（即电缆过渡支架处电缆终端与过渡引线的连接部位），完成后恢复绝缘遮蔽（隔离）	
		（4）斗内电工检查无误后，取下安全销钉用绝缘操作杆合上消弧开关，插入安全销钉并确认。 　　注：第一相电缆引线与架空导线连接后，其余引线应视为有电并进行绝缘遮蔽（隔离）。接入一相电缆引线后，若测量空载电缆电流大于 5A 时，或对其余两相电缆引线进行验电显示有电，应立刻终止工作；确认负荷断开后方可进行工作	

序号	内容	要　　求	√
12	连接电缆引线	（1）获得工作负责人许可后，斗内电工将绝缘斗调整到中间相导线外侧适当位置，斗内电工用绝缘锁杆将电缆引线线头临时固定在同相位架空导线后，调整工位将电缆连接引线搭接至架空导线接续处并确认连接牢固，并用电流检测仪测量电缆引线电流确认分流正常	
		（2）斗内电工用绝缘操作杆断开消弧开关，插入安全销钉并确认	
		（3）斗内电工依次从电缆过渡支架和消弧开关导电杆处拆除绝缘引流线线夹后，将消弧开关从中间相架空导线上取下，该相工作结束	
		（4）按照相同的方法依次连接远边相和中间相电缆引线。 注：三相引线的连接，可按由远（外侧）、至近（内侧）或根据现场情况先中间相、后两边相的顺序，逐相连接	
13	工作完成，拆除绝缘遮蔽（隔离）措施	获得工作负责人许可后，斗内电工按照按照"从远到近、从上到下、先接地体后带电体"的原则依次拆除中间相、远边相和近边相绝缘遮蔽（隔离），检查无遗留物后，转移绝缘斗退出带电作业工作区域，返回地面	

3.24.3　作业后的终结阶段

序号	内容	要　　求	√
1	清理工具及现场	清点与整理工具、材料，清理现场做到工完料尽场地清	
2	召开现场收工会	工作总结与点评，宣布工作结束	
3	工作终结	工作负责人向值班调控人员联系工作结束，办理工作终结	
4	作业人员撤离现场	本项工作结束	

3.25　带负荷直线杆改耐张杆并加装柱上开关或隔离开关

本作业项目： 绝缘手套作业法（采用绝缘斗臂车作业）带负荷直线杆改耐张杆并加装柱上开关或隔离开关，工作人员共计6名，包括工作负责人（兼工作监护人）1 名、专责监护人 1 名、斗内电工（1 号和 2 号斗臂车配合作业）2 名、地面电工 2 名。

3.25.1 作业前的准备阶段

序号	内容	要　　求	√
1	现场勘察	确定工作范围、作业方式，明确线路名称、杆号和工作任务，确定是否停用重合闸	
2	编制作业指导书（卡）和危险点预控措施卡	明确执行有标准，操作有流程，安全有措施，现场作业关键环节、关键点风险管控分析到位、预控措施落实到位	
3	办理工作票	履行工作票制度，规范填写和签发《配电带电作业工作票》	
4	召开班前会	学习作业指导书，明确作业方法、作业标准、安全措施、人员组织和任务分工	
5	工具、材料准备	检查与清点工具、材料齐全，外观完好无损，预防性试验合格，分类装箱办理出入库手续	

3.25.2 现场作业阶段

序号	内容	要　　求	√
1	现场复勘	工作负责人组织作业人员进行作业前现场复勘，现场核对线路名称和杆号，检查作业点及两侧的电杆根部、基础、导线固结牢固，检查作业装置和现场环境符合带电作业条件	
2	履行工作许可手续	工作负责人按《配电带电作业工作票》内容与值班调控人员联系履行许可手续，在工作票上签字并记录许可时间	
3	布置工作现场，装设遮栏（围栏）和警告标志	工作负责人组织班组成员布置工作现场，安全围栏和出入口的设置应合理和规范，警告标志应齐全和明显，悬挂"在此工作、从此进出、施工现场以及车辆慢行或车辆绕行"标识牌	
4	召开现场站班会，宣读工作票并履行确认手续	工作负责人召集工作人员召开现场站班会，对工作班成员进行危险点告知，交待工作任务，交待安全措施和技术措施，检查工作班成员精神状态良好，作业人员合适，确认每一个工作班成员都已知晓后，履行确认手续在工作票上签名	

序号	内容	要求	√
5	现场检查工器具，空斗试操作斗臂车，做好作业前的准备工作	工作负责人组织班组成员按照任务分工布置工作现场，整理工具、材料，对安全用具、绝缘工具进行现场检查，做好作业前的准备工作。其中，对绝缘工具应使用绝缘检测仪进行分段绝缘检测，绝缘电阻值不低于 700MΩ；检查测试新柱上负荷开关或隔离开关设备机电性能良好；新装柱上负荷开关带有取能用电压互感器时，电源侧应串接带有明显断开点的设备，防止带负荷接引，并应闭锁其自动跳闸的回路，开关操作后应闭锁其操动机构，防止误操作	
6	斗内作业人员进入绝缘斗，准备开始现场作业	斗内作业人员穿戴好绝缘防护用具，经工作负责人检查合格后，进入绝缘斗并将安全带保险钩系挂在斗内专用挂钩上，准备开始现场作业	
7	进入带电作业区域，开始现场作业工作	（1）获得工作负责人许可后，斗内电工操作绝缘斗臂车进入带电作业区域，开始现场作业工作	
		（2）工作负责人（或专责监护人）必须在工作现场行使监护职责，有效实施作业中的危险点、程序、质量和行为规范控制等	
		（3）绝缘斗臂车绝缘臂的有效绝缘长度应不小于1.0m，绝缘操作杆的有效绝缘长度应不小于0.7m	
		（4）斗内电工应保持对地不小于 0.4m、对邻相导线不小于 0.6m 的安全距离，如不能确保该安全距离时，应采用绝缘遮蔽（隔离）措施，遮蔽用具之间的搭接部分不得小于 150mm，遮蔽动作应轻缓和规范	
		（5）作业时严禁人体同时接触两个不同的电位体	
		（6）绝缘斗内双人作业时，禁止同时在不同相或不同电位作业	
		（7）本项目中带负荷更换三相柱上隔离开关时，由于隔离开关桩头对地安全距离不足，须加装绝缘隔离挡板（包括隔离开关专用的相间绝缘隔离挡板，横向安装在隔离开关支柱绝缘子上的绝缘隔离挡板）	
8	按规定正确验电	获得工作负责人许可后，操作绝缘斗臂车将绝缘斗调整至横担外侧适当位置，按规定使用验电器按照导线—绝缘子—横担—电杆的顺序进行验电，确认无漏电现象；使用电流检测仪测量导线电流通流情况，确认负荷电流满足绝缘引流线使用要求	

序号	内容	要　　求	√
9	设置绝缘遮蔽（隔离）措施	获得工作负责人许可后，1号和2号斗内电工分别转移绝缘斗至近边相导线外侧各自作业位置，依次对作业中可能触及的近边相、远边相和中间相导线、绝缘子、横担、杆顶等进行绝缘遮蔽	
10	组装斗臂车用三相临时绝缘横担，固定并提升导线	（1）获得工作负责人许可后，2号斗内电工在地面电工的配合下，在吊臂上组装绝缘撑杆及绝缘横担	
		（2）2号斗内电工转移绝缘斗至被提升导线的下方，调整吊臂先将两边相导线置于绝缘横担上的滑轮内并锁好保险，1号斗内电工转移绝缘斗至合适位置拆除两边相导线针式绝缘子处扎线	
		（3）2号斗内电工操作将绝缘撑杆缓慢上升至中间相导线处，将中间相导线固定到绝缘横担滑轮内并锁好保险，1号斗内电工拆除中间相导线针式绝缘子处绑扎线	
		（4）三相导线固定好后，2号斗内电工操作绝缘撑杆缓慢上升支撑起三相导线，使导线抬升到合适高度后锁定绝缘撑杆	
		（5）地面工用绝缘测高杆测量从带电导线到地面的净空距离应满足安全距离要求，同时派人观察相邻两侧电杆横担导线扎线应无松动现象	
11	拆除直线杆金具及绝缘子，安装耐张横担及绝缘子	（1）获得工作负责人许可后，1号斗内电工与登至杆上的电工配合拆除直线杆金具及绝缘子（杆顶支架上的中间相针式绝缘子不拆除），安装耐张横担、绝缘子和连接金具等	
		（2）1号斗内电工对新装耐张横担和电杆设置绝缘遮蔽隔离措施（包括在横担上安装专用耐张横担遮蔽罩）	
12	固定三相导线并拆除斗臂车用绝缘横担	（1）获得工作负责人许可后，2号斗内电工操作斗臂车使三相导线缓缓下降，由1号斗内电工使中间相导线先下降到中间相绝缘子顶槽内扎牢后，恢复绝缘子处的绝缘遮蔽	
		（2）2号斗内电工操作斗臂车在将两边相导线缓缓下降，由1号斗内电工逐一将套有导线遮蔽罩的两边相导线放置耐张横担遮蔽罩上并固定	
		（3）2号斗内电工用绝缘操作杆将绝缘横担上的滑轮闭锁保险打开，操作绝缘撑杆使绝缘横担缓缓脱离导线并拆除	

序号	内容	要　　　求	✓
13	安装绝缘引流线支架，确认线路负荷电流并安装三相绝缘引流线	（1）获得工作负责人许可后，斗内电工在电杆的合适位置安装固定好绝缘引流线支架	
		（2）斗内电工用电流检测仪检测三相导线电流满足分流要求（测线路负荷电流小于200A）	
		（3）地面电工将两端用绝缘毯遮蔽好的绝缘引流线传递给斗内电工	
		（4）斗内电工相互配合在导线的合适作业位置打开导线上搭接绝缘引流线部位的绝缘遮蔽措施，剥去导线绝缘层、清除导线氧化层，安装好绝缘引流线，恢复其线夹处的绝缘遮蔽措施，同时将绝缘引流线在绝缘引流线支架上可靠支撑	
14	开断三相导线为耐张连接	（1）获得工作负责人的许可后，1、2号斗内电工在耐张横担两侧使用绝缘紧线器将中间相导线固定好，同时适当收紧导线并做好后备保护绳	
		（2）1号斗内电工用绝缘锁杆固定好中间相导线，2号斗内电工操作绝缘棘轮断线剪剪断开中间相导线	
		（3）1号斗内电工将中间相导线固定到耐张线夹内改为耐张连接	
		（4）拆除后备保护绳，拆除绝缘紧线器并恢复绝缘遮蔽	
		（5）1号斗内电工用电流检测仪检测中间相主导线路，确认通流正常	
		（6）按照同样方法依次开断两边相导线为耐张连接	
15	安装柱上负荷开关及开关两侧引线与主导线的连接	（1）获得工作负责人许可后，1号和2号绝缘斗臂车相互配合操作绝缘小吊臂使用绝缘吊绳将开关提升至开关横担处，进行开关与横担的连接组装，确认开关在"分"的位置并将机构闭锁，安装完成后进行绝缘遮蔽	
		（2）1、2号斗内电工配合分别在开关两侧进行开关引流线与导线的接续，并恢复绝缘遮蔽	
		（3）引线连接可靠后，斗内电工用绝缘操作杆合上合上开关，确认在"合"的位置，并将操作机构闭锁	

序号	内容	要 求	√
15	安装柱上负荷开关及开关两侧引线与主导线的连接	（4）用电流检测仪检测开关引线电流，确认通流正常	
		（5）斗内电工相互配合逐相拆除绝缘引流线，并恢复导线处的绝缘遮蔽。 注：拆除绝缘引流线可按先两边相、后中间相或按从近、到远的顺序逐相进行	
		（6）拆除耐张横担遮蔽罩和绝缘引流线支架	
16	工作完成，拆除绝缘遮蔽（隔离）措施	获得工作负责人许可后，斗内电工按照按照"从远到近、从上到下、先接地体后带电体"的原则依次拆除中间相、远边相和近边相绝缘遮蔽（隔离），检查无遗留物后，转移绝缘斗退出带电作业工作区域，返回地面	

3.25.3　作业后的终结阶段

序号	内容	要 求	√
1	清理工具及现场	清点与整理工具、材料，清理现场做到工完料尽场地清	
2	召开现场收工会	工作总结与点评，宣布工作结束	
3	工作终结	工作负责人向值班调控人员联系工作结束，办理工作终结	
4	作业人员撤离现场	本项工作结束	

　　注：本项目带负荷直线杆改耐张杆并加装柱上开关或隔离开关，可采用上述的斗臂车用绝缘横担以及安装绝缘引流线支架等进行作业，也可采用电杆安装临时绝缘横担法进行作业，此时的绝缘横担既可以在导线开端前固定导线用，又可以作为绝缘引流线支架用。

综合不停电作业法项目

4.1　旁路作业检修架空线路

　　本作业项目： 综合不停电作业法（采用绝缘斗臂车和旁路设备）旁路作业检修架空线路，工作人员人数根据现场情况具体确定，包括工作负责人（兼工作监护人）1 名、专责监护人 1 名、斗内电工（斗臂车作业）2 名、倒闸操作 1 名、旁路作业车操作人员 1 名，地面电工若干。

　　注：本作业步骤适用于架空敷设旁路电缆或采用地面敷设旁路电缆进行检修架空线路的作业，其作业示意图如图 4-1 所示。主要旁路作业设备包括旁路负荷开关，旁路柔性电缆，快速插拔终端接头（与旁路负荷开关和移动箱变车配套），快速插拔直通接头和 T 型接头（分支线路需要配置），旁路引下电缆，旁路作业车和移动箱变车（若有分支线路需要配置）等。

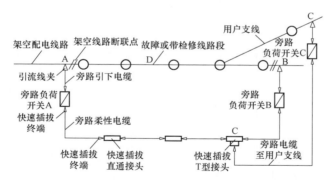

图 4-1　综合不停电作业法（采用绝缘斗臂车和旁路设备）
旁路作业检修架空线路示意图

4.1.1　作业前的准备阶段

序号	内容	要　　求	√
1	现场勘察	确定工作范围、作业方式，明确线路名称、杆号和工作任务，确定是否停用重合闸	

序号	内容	要　　求	√
2	编制作业指导书（卡）和危险点预控措施卡	明确执行有标准，操作有流程，安全有措施，现场作业关键环节、关键点风险管控分析到位、预控措施落实到位	
3	办理工作票（操作票）	履行工作票制度，规范填写和签发《配电带电作业工作票》。其中：①停电检修架空线路工作应填写《配电第一种工作票》；②若现场需要运维人员倒闸操作时，应由操作人员填用《配电倒闸操作票》并履行工作许可手续	
4	召开班前会	学习作业指导书，明确作业方法、作业标准、安全措施、人员组织和任务分工	
5	工具、材料准备	检查与清点工具、材料齐全，外观完好无损，预防性试验合格，分类装箱办理出入库手续	

4.1.2　现场作业阶段

序号	内容	要　　求	√
1	现场复勘	工作负责人组织作业人员进行作业前现场复勘，现场核对线路名称和杆号，确认线路负荷电流不大于200A，检查作业段两侧电杆为耐张杆，其根部、基础、导线固结牢固，检查作业装置和现场环境符合带电作业和旁路作业条件	
2	履行工作许可手续	工作负责人按《配电带电作业工作票》内容与值班调控人员联系履行工作许可手续，在工作票上签字并记录许可时间	
3	布置工作现场，装设遮栏（围栏）和警告标志	工作负责人组织班组成员布置工作现场，安全围栏和出入口的设置应合理和规范，警告标志应齐全和明显，悬挂"在此工作、从此进出、施工现场以及车辆慢行或车辆绕行"标识牌	
4	召开现场站班会，宣读工作票并履行确认手续	工作负责人召集工作人员召开现场站班会，对工作班成员进行危险点告知，交待工作任务，交待安全措施和技术措施，检查工作班成员精神状态良好，作业人员合适，确认每一个工作班成员都已知晓后，履行确认手续在工作票上签名	
5	现场检查工器具及作业车辆，做好作业前的准备工作	工作负责人组织班组成员按照任务分工布置工作现场，整理工具、材料，对安全用具、带电作业工具以及旁路作业设备等进行现场检查或测试，操作绝缘斗臂车进行空斗试操作、旁路作业车全面检查等，在工作负责人的指挥下做好现场作业前的各项准备工作	

序号	内容	要　　求	√
6	确认线路负荷电流符合要求，开始现场作业并履行工作监护制度	获得工作负责人许可后，斗内电工（斗臂车作业）穿戴好绝缘防护用具（包括绝缘手套、绝缘服、绝缘安全帽、护目镜等）进入绝缘斗臂车绝缘斗内，并将绝缘安全带系挂在斗内专用挂钩上，操作绝缘斗臂车进入带电作业区域，用钳型电流表测量架空导线电流，确认电流不超过 200A 符合作业要求，工作负责人组织班组成员开始现场作业并履行工作监护制度，有效实施作业中的危险点、程序、质量和行为规范控制等	
7	展放旁路电缆	包括采用架空敷设方式（悬吊式）、采用地面敷设方式（平铺式）两种	
	方法 1：采用架空敷设方式（悬吊式）展放旁路电缆，包括安装旁路电缆输送装置（架空敷设旁路电缆承力绳）、牵引展放旁路电缆以及旁路电缆连接等步骤	（1）确定输送绳固定位置。输送绳支持工具安装高度一般为离地面 5～6m、在杆上最下层低压线路的下方，距离至少 1.0m 以上，方向与导线垂直	
		（2）安装中间支持工具。根据现场确定的位置，将中间支持工具固定在电杆上，直线杆上安装直线中间支持工具支架，转角杆上安装中间支持工具转角支架，将支架链条围绕电杆后嵌入固定槽口内收紧，并确认安装是否牢固可靠	
		（3）安装电缆导入轮支架。在起始电杆位置，一般距离地面 5m 及以下，将导入轮支架链条围绕电杆后嵌入固定槽口内，使电缆导入轮支架固定在电杆上，方向与架空导线垂直，并确认安装是否牢固可靠	
		（4）安装电缆导入轮。将电缆导入轮插入导入轮支架槽口内，直到支架卡簧恢复到原来位置，检查导入轮安装是否可靠牢固	
		（5）连接电缆导入轮与（地上用）固定工具。分别用 7m、2m、1.0m 长的输送绳相连接，输送绳之间用 A 型连接器（用于绳子之间的连接），连接应牢固、可靠（拧紧螺帽）	
		（6）固定（地上用）固定工具的另一侧桩头。固定工具与桩头之间用承力绳连接并用紧线器收紧，绳与地夹角小于 45°	
		（7）安装输送绳。在架设旁路电缆的尽头杆上，离地 1.5m 处，安装（柱上用）固定工具，然后将输送绳绳盘套入固定工具槽内，再把链条嵌入槽口内，关闭固定工具槽保险装置，检查安装是否牢固可靠	

序号	内容	要　　求	√
7	方法1：采用架空敷设方式（悬吊式）展放旁路电缆，包括安装旁路电缆输送装置（架空敷设旁路电缆承力绳）、牵引展放旁路电缆以及旁路电缆连接等步骤	（8）连接输送绳与旁路电缆导入轮。将50m或100m长的输送绳放至旁路电缆导入轮处，并与电缆导入轮窄侧相连接，采用B型连接器（用于绳子和固定工具之间的连接）螺旋连接方式，拧紧连接器，直到两端紧密结合平整为止	
		（9）安装紧线工具并收紧输送绳。在架设旁路电缆的尽头杆上，将紧线工具安装在固定线盘边上，并进行收放输送绳紧线的准备工作。收紧输送绳前，将输送绳放入中间支持工具凹槽内，确认绳在槽内后，然后在紧线工具处收紧输送绳，直至输送绳完全平直为止	
		（10）展放旁路电缆。在工作负责人指挥下有序进行旁路电缆架空牵引展放作业	
	方法2：采用地面敷设式（平铺式）展放旁路电缆，包括沿作业路径铺设电缆槽盒、敷设旁路电缆以及旁路电缆连接等步骤	（1）设置围栏和警示标志，沿作业路径铺设电缆槽盒	
		（2）利用旁路作业车采用人力牵引方式展放电缆时，应在工作负责人指挥下有序进行；应由多名作业人员配合使旁路电缆离开地面整体敷设在槽盒内，防止旁路电缆与地面摩擦，防止电缆出现扭曲和死弯现象，在跨越道路处安放过街电缆保护装置	
		（3）采用快速插拔直通接头连接旁路电缆并进行分段绑扎固定。一段电缆展放完毕后应暂停牵引，安装好快速插拔直通接头并接上另一段电缆后方可继续牵引。连接旁路作业设备前，应对各接口进行清洁和润滑：用清洁纸或清洁布、无水酒精或其他清洁剂清洁；确认绝缘表面无污物、灰尘、水分，无损伤，在插拔界面均匀涂抹绝缘硅脂	
		（4）旁路电缆展放完毕，对旁路电缆展放情况进行全面检查，确认电缆展放到位，相色标记正确、连接可靠，盖上保护盒盒盖，展放旁路电缆工作结束	
8	安装旁路负荷开关和余缆支架，并将旁路电缆、旁路引下电缆和旁路负荷开关可靠接续，检测旁路电缆系统绝缘电阻并放电	（1）获得工作负责人许可后，斗内电工在地面电工的配合下在工作区域两侧（电源侧和负荷侧）电杆上安装旁路负荷开关和余缆支架，确认负荷开关处于"分"闸状态，并将开关外壳可靠接地	
		（2）将旁路电缆在余缆支架上固定，按相色标记将旁路电缆与旁路负荷开关同相位可靠连接，确认相色标记正确、连接无误	

序号	内容	要　　求	√
8	安装旁路负荷开关和余缆支架，并将旁路电缆、旁路引下电缆和旁路负荷开关可靠接续，检测旁路电缆系统绝缘电阻并放电	（3）将旁路引下电缆在余缆支架上可靠支撑后，同样按其相色标记与旁路负荷开关同相位可靠连接，确认相色标记正确、各部位连接无误	
		（4）斗内电工依次合上电源侧和负荷侧旁路负荷开关，与地面人员配合检测整套旁路电缆设备的绝缘电阻应不小于500MΩ，并用放电棒进行充分放电	
		（5）断开电源侧和负荷侧旁路负荷开关并确认	
9	设置绝缘遮蔽（隔离）措施，将旁路引下电缆与架空线路可靠连接	获得工作负责人许可后，斗内电工对安装旁路引下电缆作业中可能触及的带电导线等进行绝缘遮蔽，若是绝缘导线，剥除导线的绝缘层和清除导线氧化层后，按照先中间相、后两边相的顺序依次将余缆支架上的旁路引下电缆按照相色标记与架空线路可靠连接。接入前应再次确认负荷开关处于"分"闸状态、电缆相色标记和导线的连接相序是否正确	
10	倒闸操作，旁路电缆回路投入运行	（1）获得工作负责人许可后，电源侧的作业人员合上旁路负荷开关	
		（2）负荷侧的作业人员在旁路负荷开关处进行核相，确认相位无误，确认相序无误后，方可合上负荷侧的旁路负荷开关	
		（3）用电流检测仪检测旁路引下电缆的电流，确认通流正常	
11	待检修架空线路退出运行，对架空线路进行故障、检修作业	（1）获得工作负责人许可后，作业人员确认旁路通流正常后，对作业过程可能触碰的带电体和接地体进行有效绝缘遮蔽后，依次断开负荷侧和电源侧的三相耐张引线，并用电流检测仪检测旁路引下电缆电流，确认通流正常	
		（2）带电作业工作负责人与停电检修工作负责人进行工作任务、安全技术交接后，执行《配电第一种工作票》，配电线路检修人员按照停电检修作业方式进行架空线路检修工作，如更换导线和更换设备等。	
		注：带电、停电配合作业的项目，当带电、停电作业工序转换时，双方工作负责人应进行安全技术交接，确认无误后方可开始工作，分别执行《配电带电作业工作票》和《配电第一种工作票》	
12	恢复架空线路连接	完成架空线路停电检修并办理工作终结手续后，斗内电工获得工作负责人许可后，依次将电源侧和负荷侧电杆上三相耐张引线可靠连接，使用电流检测仪检测线路电流，确认通流正常	

序号	内容	要　求	√
13	工作完成，断开负荷开关，旁路电缆回路退出运行，拆除旁路电缆系统	（1）获得工作负责人许可后，斗内电工按照先断负荷侧、后断电源侧的顺序，依次断开负荷侧和电源侧的旁路负荷开关，拆除负荷侧和电源侧旁路引下电缆，并充分放电	
		（2）斗内电工拆除旁路电缆与旁路负荷连接的终端接头，与地面电工配合拆除旁路负荷开关	
		（3）斗内电工拆除绝缘遮蔽措施，退出带电作业工作区域，返回地面	
		（4）在工作负责人的统一指挥下将旁路电缆收回，拆除旁路电缆敷设装置，工作结束	

4.1.3　作业后的终结阶段

序号	内容	要　求	√
1	清理工具及现场	清点与整理工具、材料，清理现场做到工完料尽场地清	
2	召开现场收工会	工作总结与点评，宣布工作结束	
3	工作终结	工作负责人向值班调控人员联系工作结束，办理工作终结	
4	作业人员撤离现场	本项工作结束	

4.2　旁路作业更换柱上变压器

本作业项目：综合不停电作业法（采用绝缘斗臂车和旁路设备）旁路作业更换柱上变压器，工作人员人数根据现场情况具体确定，包括工作负责人（兼工作监护人）1名、专责监护人1名、斗内电工（斗臂车作业）2名、移动箱变车操作（倒闸操作）1名、旁路作业车操作人员1名，地面电工若干。

注：本作业步骤适用于利用移动箱变车（短时停电作业）更换柱上变压器的作业，其作业示意图如图4-2所示。主要旁路作业设备包括移动箱变车、旁路负荷开关，旁路柔性电缆，快速插拔终端接头（与旁路负荷开关和移动箱变车配套），快速插拔直通接头，旁路引下电缆，旁路作业车等。

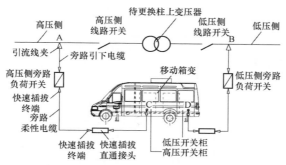

图 4-2　综合不停电作业法（采用绝缘斗臂车和旁路设备）
旁路作业更换柱上变压器作业示意图

4.2.1　作业前的准备阶段

序号	内容	要　　　求	√
1	现场勘察	确定工作范围、作业方式，明确线路名称、杆号和工作任务，确定是否停用重合闸	
2	编制作业指导书（卡）和危险点预控措施卡	明确执行有标准，操作有流程，安全有措施，现场作业关键环节、关键点风险管控分析到位、预控措施落实到位	
3	办理工作票（操作票）	履行工作票制度，规范填写和签发《配电带电作业工作票》。其中：①停电班组更换柱上变压器工作应填写《配电第一种工作票》；②若现场需要运维人员倒闸操作时，应由操作人员填用《配电倒闸操作票》并履行工作许可手续	
4	召开班前会	学习作业指导书，明确作业方法、作业标准、安全措施、人员组织和任务分工	
5	工具、材料准备	检查与清点工具、材料齐全，外观完好无损，预防性试验合格，分类装箱办理出入库手续	

4.2.2　现场作业阶段

序号	内容	要　　　求	√
1	现场复勘	工作负责人组织作业人员进行作业前现场复勘，现场核对线路名称和杆号，确认线路负荷电流不大于200A，检查作业段两侧电杆为耐张杆，其根部、基础、导线固结牢固，检查作业装置和现场环境符合带电作业和旁路作业条件	

序号	内容	要　　求	√
2	履行工作许可手续	工作负责人按《配电带电作业工作票》内容与值班调控人员联系履行许可手续,在工作票上签字并记录许可时间	
3	布置工作现场,装设遮栏（围栏）和警告标志	工作负责人组织班组成员布置工作现场,绝缘斗臂车和移动箱变车以及吊车进入工作现场停放到合适位置,绝缘斗臂车车身可靠接地,移动箱变车按接地要求可靠接地;安全围栏和出入口的设置应合理和规范,警告标志应齐全和明显,悬挂"在此工作、从此进出、施工现场以及车辆慢行或车辆绕行"标识牌	
4	召开现场站班会,宣读工作票并履行确认手续	工作负责人召集工作人员召开现场站班会,对工作班成员进行危险点告知,交待工作任务,交待安全措施和技术措施,检查工作班成员精神状态良好,作业人员合适,确认每一个工作班成员都已知晓后,履行确认手续在工作票上签名	
5	现场检查工器具及作业车辆,做好作业前的准备工作	工作负责人组织班组成员按照任务分工布置工作现场,整理工具、材料,对安全用具、带电作业工具以及旁路作业设备等进行现场检查或测试,操作绝缘斗臂车进行空斗试操作、移动箱变车全面检查等,在工作负责人的指挥下做好现场作业前的各项准备工作	
6	确认线路负荷电流符合要求,开始现场作业工作并履行工作监护制度	获得工作负责人许可后,斗内电工(斗臂车作业)穿戴好绝缘防护用具进入绝缘斗臂车绝缘斗内,并将绝缘安全带系挂在斗内专用挂钩上,操作绝缘斗臂车进入带电作业区域,用钳型电流表测量架空导线电流,确认电流不超过 200A,确认不超过移动箱变车容量。工作负责人组织班组成员开始现场作业并履行工作监护制度,有效实施作业中的危险点、程序、质量和行为规范控制等	
7	采用地面平铺式展放高（低）压旁路电缆,并与旁路负荷开关和移动箱变车可靠连接	（1）获得工作负责人许可后,地面电工采用地面平铺式展放高压旁路电缆和低压旁路电缆并接续好	
		（2）地面电工在工作区域变压器高压侧合适位置放置好旁路负荷开关,确认旁路负荷开关处于"分"闸状态,并将开关外壳可靠接地	
		（3）将高压旁路电缆按其相色标记与旁路负荷开关同相位可靠连接	

序号	内容	要　　求	✓
7	采用地面平铺式展放高（低）压旁路电缆，并与旁路负荷开关和移动箱变车可靠连接	（4）将高压旁路引下电缆按同样方法与旁路负荷开关同相位可靠连接，确认相色标记正确连接无误	
		（5）合上旁路负荷开关，检测整套旁路电缆设备的绝缘电阻应不小于 500MΩ，并用放电棒进行充分放电	
		（6）断开旁路负荷开关并确认开关处于"分"闸状态	
		（7）地面电工确认移动箱变车的低压柜开关处于断开位置，高压柜的进线开关、出线开关以及变压器开关均处于断开位置	
		（8）地面电工将高压旁路电缆按其相色标记与移动箱变车同相位的高压输入端快速插拔接口可靠连接，确认相色标记正确、各部位连接无误	
		（9）地面电工将低压旁路电缆按其相色标记与移动箱变车同相位的低压输出端（快速插拔接口）可靠连接，确认相色标记正确、各部位连接无误	
8	设置绝缘遮蔽（隔离）措施，将高压旁路引下电缆与架空线路可靠连接，低压旁路电缆按原相序接至低压线路（用户）	（1）获得工作负责人许可后，斗内电工对安装旁路引下电缆作业中可能触及的带电导线等进行绝缘遮蔽（隔离），若是绝缘导线，剥除导线的绝缘层和清除导线氧化层后，并确认负荷开关处于"分"闸状态下	
		（2）按照先中间相、后两边相的顺序依次将高压旁路引下电缆按照相色标记与高压架空线路可靠连接，相序应一致	
		（3）用带电作业方法按照先接入中性线再接入相线的顺序，将低压旁路电缆与已停电的低压架空线路（用户）可靠连接，相序应一致	
9	倒闸操作，待更换柱上变压器退出运行，移动箱变车投入运行	（1）获得工作负责人许可后，操作人员按照先低压后高压的顺序，依次断开柱上变压器的低压侧出线开关、高压跌落式熔断器，待更换的柱上变压器退出运行	
		（2）操作人员依次合上旁路负荷开关，移动箱变车的高压进线开关、变压器开关、低压开关，移动箱变车投入运行，测量高低压电流，确认工作正常	
10	办理工作任务交接，停电更换柱上变压器工作	（1）带电作业工作负责人与停电检修工作负责人进行工作任务、安全技术交接后，执行《配电第一种工作票》，配电线路检修人员按照停电检修作业方式进行柱上变压器更换工作	

序号	内容	要　　求	√
10	办理工作任务交接，停电更换柱上变压器工作	（2）获得工作负责人许可后，使用低压验电器测量低压开关上桩头是否有电，确认无电	
		（3）用验电器测量跌落式熔断器下桩头是否有电，确认无电	
		（4）作业电工确认变压器退出运行后，对不满足安全距离的带电体设置绝缘遮蔽，将柱上变压器高低压侧引线接地，拆除变压器上高、低压端子引线	
		（5）更换柱上配电变压器，安装符合要求	
		（6）作业电工复位变压器高、低压端子引线，确认相序连接无误，变压器安装完毕	
11	工作完成，倒闸操作，移动箱变车退出运行，柱上变压器投入运行并拆除旁路系统	（1）获得工作负责人许可后，地面操作人员断开移动箱变车的低压开关、高压开关，断开旁路负荷开关，移动箱变车退出运行	
		（2）断开高压旁路引下电缆，合上旁路负荷开关对旁路电缆充分放电后，断开高压旁路电缆与移动箱变车的连接，包括低压旁路电缆与架空线路的连接与放电	
		（3）作业人员恢复必要的绝缘遮蔽（隔离），恢复低压开关引线与低压架空线路的连接，确认相序连接无误，合上高压跌落式熔断器，合上低压开关，投运新更换的柱上变压器	
		（4）在工作负责人的统一指挥下将旁路电缆收回，工作结束	

4.2.3　作业后的终结阶段

序号	内容	要　　求	√
1	清理工具及现场	清点与整理工具、材料，清理现场做到工完料尽场地清	
2	召开现场收工会	工作总结与点评，宣布工作结束	
3	工作终结	工作负责人向值班调控人员联系工作结束，办理工作终结	
4	作业人员撤离现场	本项工作结束	

第5章

10kV 电缆线路综合不停电作业法项目

5.1 旁路作业检修电缆线路

本作业项目：综合不停电作业法（采用旁路设备）旁路作业检修电缆线路，工作人员人数根据现场情况具体确定，包括工作负责人（兼工作监护人）1 名、专责监护人 1 名、倒闸操作和监护 2 名（环网柜开关操作）、地面电工（旁路作业和电缆检修）若干（负责旁路电缆敷设及回收、电缆终端接头连接、核相以及电缆线路检修等工作）。

注：①本作业步骤适用于采用旁路设备（不停电或短时停电）检修电缆线路的作业，其作业示意图如图 5-1 所示；②作业内容为检修"10kV 培东环 1 号环网柜"至"10kV 培东环 2 号环网柜"之间的电缆线路，两环网柜都有备用间隔，可实现不停电作业；③主要旁路作业设备包括旁路作业车，旁路负荷开关（选用），旁路柔性电缆，快速插拔终端接头（与旁路负荷开关配套），快速插拔直通接头，螺栓式旁路电缆终端（与环网柜配套）等。

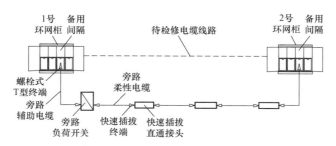

图 5-1　综合不停电作业法（采用旁路设备）
旁路作业检修电缆线路示意图

5.1.1 作业前的准备阶段

序号	内容	要　　求	√
1	现场勘察	确定工作范围、作业方式，明确线路名称、杆号和工作任务，确定是否停用重合闸	
2	编制作业指导书（卡）和危险点预控措施卡	明确执行有标准，操作有流程，安全有措施，现场作业关键环节、关键点风险管控分析到位、预控措施落实到位	
3	办理工作票（操作票）	履行工作票制度，规范填写和签发《配电第一种工作票》。其中，若现场需要运维人员倒闸操作时，应由操作人员填用《配电倒闸操作票》并履行工作许可手续	
4	召开班前会	学习作业指导书，明确作业方法、作业标准、安全措施、人员组织和任务分工	
5	工具、材料准备	检查与清点工具、材料齐全，外观完好无损，预防性试验合格，分类装箱办理出入库手续	

5.1.2 现场作业阶段

序号	内容	要　　求	√
1	现场复勘	工作负责人组织作业人员进行作业前现场复勘，核对设备名称及编号，检查作业装置和现场环境符合旁路作业条件	
2	履行工作许可手续	工作负责人按《配电第一种工作票》内容与值班调控人员联系履行许可手续，确认线路重合闸已退出，在工作票上签字并记录许可时间	
3	布置工作现场，装设遮栏（围栏）和警告标志	工作负责人组织班组成员布置工作现场，旁路作业车进入工作现场停放到合适位置，安全围栏和出入口的设置应合理和规范，警告标志应齐全和明显，悬挂"在此工作、从此进出、施工现场以及车辆慢行或车辆绕行"标识牌	
4	召开现场站班会，宣读工作票并履行确认手续	工作负责人召集工作人员召开现场站班会，对工作班成员进行危险点告知，交待工作任务，交待安全措施和技术措施，检查工作班成员精神状态良好，作业人员合适，确认每一个工作班成员都已知晓后，履行确认手续在工作票上签名	

序号	内容	要　　求	√
5	现场检查工器具及作业车辆，做好作业前的准备工作	工作负责人组织班组成员按照任务分工布置工作现场，整理工具、材料，检查工器具以及旁路作业设备等，包括对旁路作业设备进行外观检查，检查确认两环网柜备用间隔设施完好，检查确认待检修电缆线路负荷电流小于200A，在工作负责人的指挥下做好现场作业的各项准备工作	
6	作业过程	工作负责人组织班组成员开始现场作业并履行工作监护制度，有效实施作业中的危险点、程序、质量和行为规范控制等	
7	项目1：使用旁路负荷开关不停电作业	使用旁路负荷开关不停电检修电缆线路作业，是指待检修电缆线路环网柜备用间隔开关断口不具备核相功能	
	（1）采用地面敷设式（平铺式）展放旁路电缆，包括沿作业路径铺设电缆槽盒、敷设旁路电缆以及旁路电缆连接以及与旁路负荷开关可靠连接等步骤	1）设置围栏和警示标志，沿作业路径铺设电缆槽盒	
		2）利用旁路作业车采用人力牵引方式展放电缆时，应在工作负责人指挥下有序进行；应由多名作业人员配合使旁路电缆离开地面整体敷设在槽盒内，防止旁路电缆与地面摩擦，防止电缆出现扭曲和死弯现象，在跨越道路处安放过街电缆保护装置	
		3）采用快速插拔直通接头连接旁路电缆并进行分段绑扎固定。一段电缆展放完毕后应暂停牵引，安装好快速插拔直通接头并接上另一段电缆后方可继续牵引。连接旁路作业设备前，应对各接口进行清洁和润滑：用清洁纸或清洁布、无水酒精或其他清洁剂清洁；确认绝缘表面无污物、灰尘、水分，无损伤，在插拔界面均匀涂抹绝缘硅脂	
		4）在工作区域的环网柜（"10kV培东环1号或2号环网柜"）一侧（送电侧或受电侧）合适位置放置好旁路负荷开关，确认负荷开关处于"分"闸状态，并将开关外壳可靠接地	
		5）按其相色标记将高压旁路电缆终端接头与旁路负荷开关同相位可靠连接，确认相色标记正确、各部位连接无误	
		6）合上旁路负荷开关，检测整套旁路电缆设备的绝缘电阻应不小于500MΩ，并用放电棒进行充分放电	
		7）断开旁路负荷开关并确认	

序号	内容	要　　求	√
7	（1）采用地面敷设式（平铺式）展放旁路电缆，包括沿作业路径铺设电缆槽盒、敷设旁路电缆以及旁路电缆连接以及与旁路负荷开关可靠连接等步骤	8）旁路电缆展放完毕，对旁路电缆展放情况进行全面检查，确认电缆展放到位，相色标记正确、连接可靠，盖上保护盒盒盖，展放旁路电缆工作结束	
	（2）倒闸操作，旁路电缆投入运行，完成检修工作	1）确认两环网柜（"10kV 培东环 1、2 号环网柜"）备用间隔均设施完好，且均处于断开位置	
		2）对备用间隔进行验电，确认无电	
		3）将旁路电缆（螺栓式可分离）终端接入环网柜备用间隔，并将旁路电缆终端附近的屏蔽层可靠接地	
		4）倒闸操作，将旁路电缆回路由检修改运行： a. 依次合上送电侧（"10kV 培东环 1 号环网柜"）、受电侧（"10kV 培东环 2 号环网柜"）备用间隔开关。 b. 在旁路负荷开关两侧核相确认相位正确（两侧核相前，旁路负荷开关一定要处于"断开"位置）。 c. 断开受电侧备用间隔开关。 d. 合上旁路负荷开关。 e. 合上受电侧备用间隔开关，旁路系统送电。 f. 测量旁路电缆回路的分流情况（旁路电缆回路投入运行后，应每隔 0.5h 检测 1 次回路的负载电流，监视其运行情况）	
		5）倒闸操作，将待检修电缆线路由运行改检修：依次断开待检修电缆受电侧（"10kV 培东环 2 号环网柜"）、送电侧（"10kV 培东环 1 号环网柜"）间隔开关，进行电缆线路检修工作	
	（3）倒闸操作，旁路电缆退出运行，工作结束	1）倒闸操作，将检修完毕的电缆线路由检修改运行： a. 电缆线路检修结束后，将检修后的电缆线路接入两侧环网柜，并进行核相。 b. 核相正确后，依次合上检修后电缆送电侧（"10kV 培东环 1 号环网柜"）、受电侧（"10kV 培东环 2 号环网柜"）间隔开关，电缆线路恢复送电	

序号	内容	要　　求	√
7	（3）倒闸操作，旁路电缆退出运行，工作结束	2）倒闸操作，将旁路电缆回路由运行改检修： a. 依次断开旁路电缆受电侧间隔开关、旁路负荷开关、送电侧间隔开关。 b. 确认旁路电缆两侧间隔开关处于断开状态，将旁路电缆终端拆除	
		3）对旁路作业设备充分放电后，拆除整套旁路电缆设备，工作结束	
8	项目2：不使用负荷旁路开关不停电作业	不使用旁路负荷开关不停电检修电缆线路作业，是指待检修线路环网柜备用间隔开关断口具备核相功能。利用环网柜备用间隔开关断口具备的核相功能，进行不停电检修电缆线路作业，其中的"核相操作"步骤如下： （1）确认两环网柜备用间隔完好，且均处于断开位置。 （2）对备用间隔进行验电，确认无电。 （3）将旁路电缆接入环网柜备用间隔，并将旁路电缆两终端附近屏蔽层可靠接地。 （4）合上送电侧备用间隔开关。 （5）在受电侧备用间隔开关处核相。 （6）核相正确后，倒闸操作，将旁路电缆回路由检修改运行：合上受电侧备用间隔开关，旁路系统送电	
9	项目3：短时停电检修作业	短时停电检修电缆线路作业，是指待检修电缆线路两侧环网柜没有备用间隔。由于待检修电缆线路两侧环网柜没有备用间隔，应采用短时停电检修电缆作业，作业步骤如下	
		（1）倒闸操作，将待检修电缆线路由运行改检修： 1）断开两环网柜间隔开关，待检修电缆退出运行； 2）拆除待检修电缆的终端，检测并记录待检修电缆连接相序	
		（2）倒闸操作，将旁路电缆回路由检修改运行： 1）对待接入的间隔进行验电，确认无电。将旁路电缆按原相序接入两侧环网柜间隔，将旁路电缆两端屏蔽层接地； 2）作业人员分别合上送电侧、受电侧间隔开关，旁路系统投入运行	
		（3）完成电缆线路检修	

序号	内容	要　　　求	√
9	项目3：短时停电检修作业	（4）倒闸操作，将检修完毕的电缆线路由检修改运行	
		（5）倒闸操作，将旁路电缆回路由运行改检修。断开旁路电缆两侧环网柜间隔开关，旁路电缆退出运行	
		（6）工作结束，拆除整套旁路电缆设备。确认旁路电缆两侧间隔开关处于断开状态，将旁路电缆终端拆除。对旁路作业设备充分放电后，拆除整套旁路电缆设备，工作结束	

5.1.3　作业后的终结阶段

序号	内容	要　　　求	√
1	清理工具及现场	清点与整理工具、材料，清理现场做到工完料尽场地清	
2	召开现场收工会	工作总结与点评，宣布工作结束	
3	工作终结	工作负责人向值班调控人员联系工作结束，办理工作终结	
4	作业人员撤离现场	本项工作结束	

5.2　旁路作业检修环网柜

本作业项目：综合不停电作业法（采用旁路设备）旁路作业检修检修环网柜作业，工作人员人数根据现场情况具体确定，包括工作负责人（兼工作监护人）1名、专责监护人1名、倒闸操作和监护2名（环网柜开关操作）、地面电工（旁路作业和电缆检修）若干（负责旁路电缆敷设及回收、电缆终端接头连接、核相以及电缆线路检修等工作）。

注：①本作业步骤适用于采用旁路设备（不停电或短时停电）检修检修环网柜的作业，其作业示意图如图5-2所示；②作业内容为检修"10kV培东环1号环网柜"至"10kV培东环3号环网柜"之间的"10kV培东环2号环网柜"，待检修的"10kV培东环2号环网柜"带有分支"10kV培东环4号环网柜"，各环网柜都有备用间隔，可实现不停电作业；③主要旁路作业设备包括旁路作业车，旁路负荷开关（选用），旁路柔性电缆，快速插拔终端接头（与旁路负荷开关配套），快速插拔直通接头和T型接头，螺栓式旁路电缆终端（与环网柜配套）等。

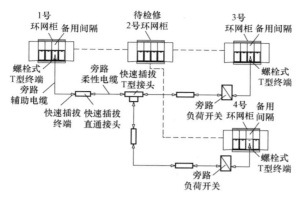

图 5-2　综合不停电作业法（采用旁路设备）
旁路作业检修检修环网柜作业示意图

5.2.1　作业前的准备阶段

序号	内容	要　　求	√
1	现场勘察	确定工作范围、作业方式，明确线路名称、杆号和工作任务，确定是否停用重合闸	
2	编制作业指导书（卡）和危险点预控措施卡	明确执行有标准，操作有流程，安全有措施，现场作业关键环节、关键点风险管控分析到位、预控措施落实到位	
3	办理工作票（操作票）	履行工作票制度，规范填写和签发《配电第一种工作票》。其中，若现场需要运维人员倒闸操作时，应由操作人员填用《配电倒闸操作票》并履行工作许可手续	
4	召开班前会	学习作业指导书，明确作业方法、作业标准、安全措施、人员组织和任务分工	
5	工具、材料准备	检查与清点工具、材料齐全，外观完好无损，预防性试验合格，分类装箱办理出入库手续	

5.2.2　现场作业阶段

序号	内容	要　　求	√
1	现场复勘	工作负责人组织作业人员进行作业前现场复勘，核对设备名称及编号，检查作业装置和现场环境符合旁路作业条件	

序号	内　容	要　　　求	√
2	履行工作许可手续	工作负责人按《配电第一种工作票》内容与值班调控人员联系履行许可手续，确认线路重合闸已退出，在工作票上签字并记录许可时间	
3	布置工作现场，装设遮栏（围栏）和警告标志	工作负责人组织班组成员布置工作现场，旁路作业车进入工作现场停放到合适位置，安全围栏和出入口的设置应合理和规范，警告标志应齐全和明显，悬挂"在此工作、从此进出、施工现场以及车辆慢行或车辆绕行"标识牌	
4	召开现场站班会，宣读工作票并履行确认手续	工作负责人召集工作人员召开现场站班会，对工作班成员进行危险点告知，交待工作任务，交待安全措施和技术措施，检查工作班成员精神状态良好，作业人员合适，确认每一个工作班成员都已知晓后，履行确认手续在工作票上签名	
5	现场检查工器具及作业车辆，做好作业前的准备工作	工作负责人组织班组成员按照任务分工布置工作现场，整理工具、材料，检查工器具以及旁路作业设备等，包括对旁路作业设备进行外观检查，检查确认两环网柜备用间隔设施完好，检查确认待检修电缆线路负荷电流小于 200A，在工作负责人的指挥下做好现场作业的各项准备工作	
6	作业过程	工作负责人组织班组成员开始现场作业并履行工作监护制度，有效实施作业中的危险点、程序、质量和行为规范控制等	
	项目 1：使用旁路负荷开关不停电作业	使用旁路负荷开关不停电检修电缆线路作业，不停电检修环网柜作业，是指待检修环网柜的送电侧、受电侧、分支侧的环网柜均有备用间隔，且环网柜开关断口两侧不具核相功能	
7	（1）采用地面敷设式（平铺式）展放旁路电缆，包括沿作业路径铺设电缆槽盒、敷设旁路电缆以及旁路电缆连接以及与旁路负荷开关可靠连接等步骤	1）设置围栏和警示标志，沿作业路径铺设电缆槽盒	
		2）利用旁路作业车采用人力牵引方式展放电缆时，应在工作负责人指挥下有序进行；应由多名作业人员配合使旁路电缆离开地面整体敷设在槽盒内，防止旁路电缆与地面摩擦，防止电缆出现扭曲和死弯现象，在跨越道路处安放过街电缆保护装置	

序号	内容	要　　求	√
7	（1）采用地面敷设式（平铺式）展放旁路电缆，包括沿作业路径铺设电缆槽盒、敷设旁路电缆以及旁路电缆连接以及与旁路负荷开关可靠连接等步骤	3）采用快速插拔直通接头与快速插拔 T 型接头连接待检修环网柜两侧及分支侧之间的旁路电缆，并进行分段绑扎固定。一段电缆展放完毕后应暂停牵引，安装好快速插拔直通接头并接上另一段电缆后方可继续牵引。连接旁路作业设备前，应对各接口进行清洁和润滑：用清洁纸或清洁布、无水酒精或其他清洁剂清洁；确认绝缘表面无污物、灰尘、水分，无损伤，在插拔界面均匀涂抹绝缘硅脂	
		4）在待检修环网柜的受电侧（"10kV 培东环 3 号环网柜"）附近、分支侧（"10kV 培环东 4 号环网柜"）合适位置放置好旁路负荷开关，确认负荷开关处于"分"闸状态，并将开关外壳可靠接地	
		5）按其相色标记将高压旁路电缆终端接头与旁路负荷开关同相位可靠连接，确认相色标记正确、各部位连接无误	
		6）合上旁路负荷开关，检测整套旁路电缆设备的绝缘电阻应不小于 500MΩ，并用放电棒进行充分放电	
		7）断开旁路负荷开关并确认	
		8）旁路电缆展放完毕，对旁路电缆展放情况进行全面检查，确认电缆展放到位，相色标记正确、连接可靠，盖上保护盒盒盖，展放旁路电缆工作结束	
	（2）倒闸操作，旁路电缆投入运行，完成检修工作	1）确认待检修环网柜的送电侧（"10kV 培东环 1 号环网柜"）、受电侧（"10kV 培东环 3 号环网柜"）、分支侧（"10kV 培东环 4 号环网柜"）3 台环网柜备用间隔均完好，且处于断开位置	
		2）对备用间隔进行验电，确认无电	
		3）将旁路电缆终端接入 3 台环网柜备用间隔，并将旁路电缆终端附近的屏蔽层可靠接地	

序号	内容	要 求	√
7	（2）倒闸操作，旁路电缆投入运行，完成检修工作	4）倒闸操作，将旁路电缆回路及其分支回路由检修改运行： 　　a. 合上送电侧（"10kV 培东环 1 号环网柜"）环网柜备用间隔开关。 　　b. 合上受电侧（"10kV 培东环 3 号环网柜"）环网柜备用间隔开关。 　　c. 在受电侧旁路开关处核相，确认相位正确（两侧核相前，旁路负荷开关一定要处于"断开"位置）。 　　d. 断开受电侧环网柜备用间隔开关。 　　e. 合上受电侧旁路开关。 　　f. 合上受电侧环网柜备用间隔开关，旁路系统送电。 　　g. 测量受电侧旁路电缆回路的分流情况（旁路电缆回路投入运行后，应每隔 0.5h 检测 1 次回路的负载电流，监视其运行情况）	
		5）倒闸操作，将待检修环网柜由运行改检修：确认待检修环网柜受电侧（"10kV 培东环 3 号环网柜"）、送电侧（"10kV 培东环 1 号环网柜"）间隔开关处于断开位置。 　　a. 合上分支侧环网柜（"10kV 培东环 4 号环网柜"）备用间隔开关。 　　b. 在分支侧旁路开关处核相，确认相位正确。 　　c. 断开分支侧环网柜备用间隔开关。 　　d. 合上分支侧旁路开关。 　　e. 合上分支侧环网柜备用间隔开关。 　　f. 测量分支侧旁路电缆分流情况。 　　g. 拉开与待检修环网柜连接的电缆线路送电侧、受电侧、分支侧 3 台环网柜间隔开关。 　　h. 进行环网柜的检修工作	
	（3）倒闸操作，旁路电缆退出运行，工作结束	1）倒闸操作，将检修完毕的环网柜由检修改运行： 　　a. 环网柜检修后，将电缆线路按原相位接入检修后的环网柜。 　　b. 核相正确后，作业人员依次合上检修后环网柜送电侧、受电侧、分支侧 3 台环网柜间隔开关，检修环网柜恢复送电	

序号	内容	要　　求	√
7	（3）倒闸操作，旁路电缆退出运行，工作结束	2）倒闸操作,将旁路电缆回路由运行改检修： a. 断开分支侧、受电侧环网柜备用间隔开关。 b. 断开分支侧、受电侧旁路开关。 c. 断开送电侧环网柜备用间隔开关。 d. 确认旁路电缆两侧间隔开关处于断开状态，将旁路电缆终端拆除	
		3）对旁路作业设备充分放电后，拆除整套旁路电缆设备，工作结束	
8	项目2：不使用负荷旁路开关不停电作业	不使用旁路负荷开关不停电检修环网柜作业，是指待检修环网柜的送电侧、受电侧、分支侧环网柜备用间隔开关断口具备核相功能。利用环网柜备用间隔开关断口具备的核相功能，进行不停电检修环网柜作业，其中的"核相操作"步骤如下： （1）确认两环网柜备用间隔完好，且均处于断开位置。 （2）对备用间隔进行验电，确认无电。 （3）将旁路电缆接入环网柜备用间隔，并将旁路电缆的两终端附近的屏蔽层可靠接地。 （4）合上送电侧备用间隔开关。 （5）在受电侧备用间隔开关处核相。 （6）核相正确后，倒闸操作，将旁路电缆回路由检修改运行：合上受电侧备用间隔开关，旁路系统送电	
9	项目3：短时停电检修作业	短时停电检修环网柜作业，是指待检修环网柜的送电侧、受电侧、分支侧的三台环网柜没有备用间隔。应采用短时停电检修电缆作业，作业步骤如下	
		（1）倒闸操作，将待检修环网柜由运行改检修。 1）断开与待检修环网柜连接的受电侧、分支侧、送电侧3台环网柜间隔开关。 2）拆除与待检修环网柜连接的受电侧、分支侧、送电侧3台环网柜间隔开关上的电缆终端，检测并记录待检修电缆连接相序	
		（2）倒闸操作，将旁路电缆回路由检修改运行。 1）对待接入的间隔进行验电，确认无电。将旁路电缆按原相序接入两侧环网柜间隔，将旁路电缆两端屏蔽层接地。 2）将旁路电缆按原相序接入受电侧、分支侧、送电侧3台环网柜间隔开关。 3）作业人员分别合上送电侧、受电侧、分支侧间隔开关，旁路系统投入运行	

序号	内容	要　　　求	√
9	项目3：短时停电检修作业	（3）完成环网柜的检修 （4）倒闸操作，将检修完毕的环网柜由检修改运行。 　1）对间隔进行验电，确认无电。 　2）将电缆线路按原相序接入检修后的环网柜间隔。 　3）将电缆线路按原相序接入送电侧、受电侧、分支侧环网柜间隔开关。 　4）依次合上送电侧、受电侧、分支侧环网柜间隔开关，电缆线路恢复送电	
		（5）倒闸操作，将旁路电缆回路由运行改检修。断开旁路电缆连接的送电侧、受电侧、分支侧间隔开关，旁路电缆退出运行	
		（6）工作结束，拆除整套旁路电缆设备。确认旁路电缆两侧间隔开关处于断开状态，将旁路电缆终端拆除。对旁路作业设备充分放电后，拆除整套旁路电缆设备，工作结束	

5.2.3　作业后的终结阶段

序号	内容	要　　　求	√
1	清理工具及现场	清点与整理工具、材料，清理现场做到工完料尽场地清	
2	召开现场收工会	工作总结与点评，宣布工作结束	
3	工作终结	工作负责人向值班调控人员联系工作结束，办理工作终结	
4	作业人员撤离现场	本项工作结束	

5.3　从环网柜临时取电给环网柜、移动箱变供电

本作业项目： 综合不停电作业法（采用旁路设备）从环网柜临时取电给环网柜、移动箱变供电作业，工作人员人数根据现场情况具体确定，包括工作负责人（兼工作监护人）1名、专责监护人1名、倒闸操作（环网柜开关操作或移动箱变车操作）1名、旁路作业车操作人员1名、地面电工（旁路作业）若干（负责旁路电缆敷设及回收、电缆终端接头连接、核相等工作）。

注：①本作业步骤适用于采用旁路设备从环网柜（箱）临时取电给环网柜、移动箱变供电的作业，其作业示意图如图 5-3 和图 5-4 所示。其中，一般情况下为无电状态下投入临时供电回路，负荷设备短时停电。如为保证负荷设备不停电，需先临时供电，再切除原供电电源，则临时取电回路投入运行操作时应进行核相。②作业内容为从"10kV 培东环 1 号环网柜"备用间隔临时取电给"10kV 培东环 3 号环网柜"或移动箱变供电，以保证因检修而停电的用户用电。③主要旁路作业设备包括旁路作业车、移动箱变车（临时取电给移动箱变供电作业用）、旁路负荷开关（选用），旁路柔性电缆，快速插拔终端接头（与旁路负荷开关和移动箱变车配套），快速插拔直通接头，螺栓式旁路电缆终端（与环网柜配套）等。

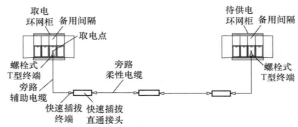

图 5-3　综合不停电作业法（采用旁路设备）从环网柜临时
取电给环网柜供电作业示意图

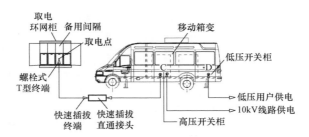

图 5-4　综合不停电作业法（采用旁路设备）从环网柜临时
取电给移动箱变供电作业示意图

5.3.1　作业前的准备阶段

序号	内容	要　　求	√
1	现场勘察	确定工作范围，作业方式，明确线路名称、杆号和工作任务，确定是否停用重合闸	
2	编制作业指导书（卡）和危险点预控措施卡	明确执行有标准，操作有流程，安全有措施，现场作业关键环节、关键点风险管控分析到位，预控措施落实到位	

序号	内容	要　　求	√
3	办理工作票（操作票）	履行工作票制度，规范填写和签发《配电第一种工作票》。其中，若现场需要运维人员倒闸操作时，应由操作人员填用《配电倒闸操作票》并履行工作许可手续	
4	召开班前会	学习作业指导书，明确作业方法、作业标准、安全措施、人员组织和任务分工	
5	工具、材料准备	检查与清点工具、材料齐全，外观完好无损，预防性试验合格，分类装箱办理出入库手续	

5.3.2　现场作业阶段

序号	内容	要　　求	√
1	现场复勘	工作负责人组织作业人员进行作业前现场复勘，现场核对线路名称和杆号、设备名称及编号，检查作业装置和现场环境符合旁路作业条件	
2	履行工作许可手续	工作负责人按《配电第一种工作票》内容与值班调控人员联系履行许可手续，确认线路重合闸已退出，在工作票上签字并记录许可时间	
3	布置工作现场，装设遮栏（围栏）和警告标志	工作负责人组织班组成员布置工作现场，移动箱变车进入工作现场停放到合适位置并按接地要求可靠接地；安全围栏和出入口的设置应合理和规范，警告标志应齐全和明显，悬挂"在此工作、从此进出、施工现场以及车辆慢行或车辆绕行"标识牌	
4	召开现场站班会，宣读工作票并履行确认手续	工作负责人召集工作人员召开现场站班会，对工作班成员进行危险点告知，交待工作任务，交待安全措施和技术措施，检查工作班成员精神状态良好，作业人员合适，确认每一个工作班成员都已知晓后，履行确认手续在工作票上签名	
5	现场检查工器具及作业车辆，做好作业前的准备工作	工作负责人组织班组成员按照任务分工布置工作现场，整理工具、材料，检查工器具、绝缘斗臂车以及旁路作业设备等，包括对旁路作业设备进行外观检查，检查确认环网柜备用间隔设施完好，检查确认临时供电的负荷电流小于旁路作业装备和移动箱变车的额定电流，在工作负责人的指挥下做好现场作业的各项准备工作	

序号	内容	要　　求	✓
6	作业过程	工作负责人组织班组成员开始现场作业并履行工作监护制度，有效实施作业中的危险点、程序、质量和行为规范控制等	
7	项目 1：从环网柜临时取电给环网柜供电	从环网柜临时取电给环网柜供电作业，取电作业步骤如下	
	（1）采用地面敷设式（平铺式）展放旁路电缆，包括沿作业路径铺设电缆槽盒、敷设旁路电缆以及旁路电缆连接以及与旁路负荷开关可靠连接等步骤	1）设置围栏和警示标志，沿作业路径铺设电缆槽盒	
		2）利用旁路作业车采用人力牵引方式展放电缆时，应在工作负责人指挥下有序进行；应由多名作业人员配合使旁路电缆离开地面整体敷设在槽盒内，防止旁路电缆与地面摩擦，防止电缆出现扭曲和死弯现象，在跨越道路处安放过街电缆保护装置	
		3）采用快速插拔直通接头连接旁路电缆并进行分段绑扎固定。一段电缆展放完毕后应暂停牵引，安装好快速插拔直通接头并接上另一段电缆后方可继续牵引。连接旁路作业设备前，应对各接口进行清洁和润滑：用清洁纸或清洁布、无水酒精或其他清洁剂清洁；确认绝缘表面无污物、灰尘、水分，无损伤，在插拔界面均匀涂抹绝缘硅脂	
		4）确认相色标记正确、各部位连接无误	
		5）合上旁路负荷开关，检测整套旁路电缆设备的绝缘电阻应不小于 500MΩ，并用放电棒进行充分放电	
		6）断开旁路负荷开关并确认	
		7）旁路电缆展放完毕，对旁路电缆展放情况进行全面检查，确认电缆展放到位，相色标记正确、连接可靠，盖上保护盒盒盖，展放旁路电缆工作结束	
	（2）倒闸操作，取电环网柜备用间隔由检修改运行，旁路电缆投入运行，供电环网柜由进线电缆供电改临时取电回路供电，完成取电工作	1）确认取电环网柜（"10kV 培东环 1 号环网柜"）备用间隔和供电环网柜（"10kV 培东环 3 号环网柜"）进线间隔（备用间隔）设施完好，且处于断开位置	
		2）对供电环网柜进线间隔进行验电，确认无电后，将（螺栓式）旁路电缆终端按照原相位接入到进线间隔上，并将旁路电缆的屏蔽层可靠接地	
		3）对取电环网柜备用间隔进行验电，确认无电后，将（螺栓式）旁路电缆终端按照原相位接入到备用间隔上，并将旁路电缆的屏蔽层可靠接地	

序号	内容	要　　求	✓
7	（2）倒闸操作，取电环网柜备用间隔由检修改运行，旁路电缆投入运行，供电环网柜由进线电缆供电改临时取电回路供电，完成取电工作	4）依次合上取电环网柜备用间隔开关，供电环网柜进线间隔开关，旁路电缆投入运行，供电环网柜由进线电缆供电改临时取电回路供电，完成取电工作	
		5）检查临时取电回路负荷情况（旁路电缆回路投入运行后，应每隔 0.5h 检测 1 次回路的负载电流，监视其运行情况）	
	（3）倒闸操作，取电环网柜备用间隔由运行改检修，旁路电缆退出运行，供电环网柜由临时取电回路恢复至由进线电缆供电，工作结束	1）临时取电给环网柜工作完成，断开供电环网柜进线间隔开关，将供电环网柜进线间隔开关由运行改检修	
		2）断开取电环网柜备用间隔开关，将取电环网柜备用间隔开关由运行改检修	
		3）确认旁路电缆两侧间隔开关处于断开状态，拆除旁路电缆终端，并对旁路电缆可靠接地充分放电	
		4）在工作负责人的统一指挥下将旁路电缆收回，工作结束	
8	项目 2：从环网柜临时取电给移动箱变供电	从环网柜临时取电给移动箱变供电作业，取电作业步骤如下	
	（1）采用地面平铺式展放高（低）压旁路电缆，并与移动箱变车可靠连接	1）采用地面平铺式展放高压旁路电缆和低压旁路电缆并接续好	
		2）检测整套旁路电缆设备的绝缘电阻应不小于 500MΩ，并用放电棒进行充分放电	
		3）确认移动箱变车的低压柜开关处于断开位置，高压柜的进线开关、出线开关以及变压器开关均处于断开位置	
		4）将高压旁路电缆按其相色标记与移动箱变车同相位的高压输入端快速插拔接口可靠连接，确认相色标记正确、各部位连接无误	
		5）将低压旁路电缆按其相色标记与移动箱变车同相位的低压输出端（快速插拔接口）可靠连接，确认相色标记正确、各部位连接无误	

序号	内容	要　　求	√
8	（2）倒闸操作，取电环网柜备用间隔由检修改运行，旁路电缆投入运行，移动箱变高压负荷开关由检修改运行，供电移动箱变车投入运行，完成取电工作	1）确认取电环网柜备用间隔设施完好，且处于断开位置	
		2）对供电环网柜进线间隔进行验电，确认无电后，将（螺栓式）旁路电缆终端按照原相位接入到进线间隔上，并将旁路电缆的屏蔽层可靠接地	
		3）合上取电环网柜备用间隔开关，旁路电缆投入运行，供电环网柜由进线电缆供电改临时取电回路供电	
		4）依次合上移动箱变车的高压进线开关、变压器开关、低压开关，移动箱变车投入运行，完成取电工作	
		5）检查临时取电回路负荷情况（旁路电缆回路投入运行后，应每隔 0.5h 检测 1 次回路的负载电流，监视其运行情况）	
	（3）倒闸操作，取电环网柜备用间隔由运行改检修，旁路电缆退出运行，移动箱变高压负荷开关由运行改检修，供电移动箱变车退出运行，工作结束	1）临时取电给移动箱变车工作完成，依次断开移动箱变车的低压侧开关、高压侧开关，移动箱变车退出运行	
		2）断开取电环网柜备用间隔开关，将取电环网柜备用间隔开关由运行改检修	
		3）确认旁路电缆终端的取电环网柜备用间隔开关和移动箱变车开关处于断开状态，拆除旁路电缆终端，并对旁路电缆可靠接地充分放电	
		4）在工作负责人的统一指挥下将旁路电缆收回，工作结束	

5.3.3　作业后的终结阶段

序号	内容	要　　求	√
1	清理工具及现场	清点与整理工具、材料，清理现场做到工完料尽场地清	
2	召开现场收工会	工作总结与点评，宣布工作结束	
3	工作终结	工作负责人向值班调控人员联系工作结束，办理工作终结	
4	作业人员撤离现场	本项工作结束	

5.4　从架空线路临时取电给环网柜、移动箱变供电

本作业项目：综合不停电作业法（采用旁路设备和绝缘斗臂车）从架空线

路临时取电给环网柜、移动箱变供电作业，工作人员人数根据现场情况具体确定，包括工作负责人（兼工作监护人）1名、专责监护人1名、倒闸操作（环网柜开关操作或移动箱变车操作）1名、旁路作业车操作人员1名、斗内电工（斗臂车作业）2名、地面电工（旁路作业）若干（负责旁路电缆敷设及回收、电缆终端接头连接、核相等工作）。

　　注：①本作业步骤适用于采用旁路设备和绝缘斗臂车从架空线路临时取电给环网柜、移动箱变供电的作业，其作业示意图如图5-5和图5-6所示。其中，一般情况下为无电状态下投入临时供电回路，负荷设备短时停电。如为保证负荷设备不停电，需先临时供电，再切除原供电电源，则临时取电回路投入运行操作时应进行核相。②作业内容为从10kV黄河Ⅰ回8号杆临时取电给环网柜"10kV培东环1号环网柜"或移动箱变供电，保证因检修而停电的用户用电。③主要旁路作业设备包括旁路作业车、移动箱变车（临时取电给移动箱变作业用）、旁路负荷开关（选用），旁路柔性电缆，快速插拔终端接头（与旁路负荷开关和移动箱变车配套），快速插拔直通接头，螺栓式旁路电缆终端（与环网柜配套）等。

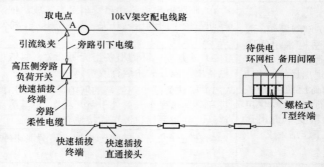

图5-5　综合不停电作业法（采用旁路设备和绝缘斗臂车）
从架空线路临时取电给环网柜供电作业示意图

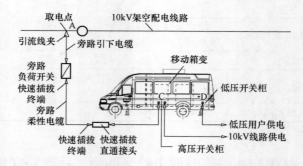

图5-6　综合不停电作业法（采用旁路设备和绝缘斗臂车）
从架空线路临时取电给移动箱变供电作业示意图

5.4.1 作业前的准备阶段

序号	内容	要　　求	√
1	现场勘察	确定工作范围、作业方式，明确线路名称、杆号和工作任务，确定是否停用重合闸	
2	编制作业指导书（卡）和危险点预控措施卡	明确执行有标准，操作有流程，安全有措施，现场作业关键环节、关键点风险管控分析到位、预控措施落实到位	
3	办理工作票（操作票）	履行工作票制度，规范填写和签发《配电带电作业工作票》。其中，若现场需要运维人员倒闸操作时，应由操作人员填用《配电倒闸操作票》并履行工作许可手续	
4	召开班前会	学习作业指导书，明确作业方法、作业标准、安全措施、人员组织和任务分工	
5	工具、材料准备	检查与清点工具、材料齐全，外观完好无损，预防性试验合格，分类装箱办理出入库手续	

5.4.2 现场作业阶段

序号	内容	要　　求	√
1	现场复勘	工作负责人组织作业人员进行作业前现场复勘，现场核对线路名称和杆号、设备名称及编号，检查作业装置和现场环境符合带电作业和旁路作业条件	
2	履行工作许可手续	工作负责人按《配电带电作业工作票》内容与值班调控人员联系履行许可手续，确认线路重合闸已退出，在工作票上签字并记录许可时间。 注：本项目采用架空取电时应停用架空线路重合闸，在临时供电期间应恢复架空线路重合闸装置	
3	布置工作现场，装设遮栏（围栏）和警告标志	工作负责人组织班组成员布置工作现场，绝缘斗臂车和移动箱变车进入工作现场停放到合适位置，按接地要求可靠接地；安全围栏和出入口的设置应合理和规范，警告标志应齐全和明显，悬挂"在此工作、从此进出、施工现场以及车辆慢行或车辆绕行"标识牌	
4	召开现场站班会，宣读工作票并履行确认手续	工作负责人召集工作人员召开现场站班会，对工作班成员进行危险点告知，交待工作任务，交待安全措施和技术措施，检查工作班成员精神状态良好，作业人员合适，确认每一个工作班成员都已知晓后，履行确认手续在工作票上签名	

序号	内容	要　　求	√
5	现场检查工器具及作业车辆，做好作业前的准备工作	工作负责人组织班组成员按照任务分工布置工作现场，整理工具、材料，检查工器具、绝缘斗臂车以及旁路作业设备等，包括对旁路作业设备进行外观检查，检查确认环网柜备用间隔设施完好，检查确认临时供电的负荷电流小于旁路作业装备和移动箱变的额定电流，在工作负责人的指挥下做好现场作业的各项准备工作	
6	作业过程	工作负责人组织班组成员开始现场作业并履行工作监护制度，有效实施作业中的危险点、程序、质量和行为规范控制等	
7	项目1：从架空线路临时取电给环网柜供电	从架空线路临时取电给环网柜供电作业，取电作业步骤如下	
	（1）采用地面敷设式（平铺式）展放旁路电缆，包括沿作业路径铺设电缆槽盒、敷设旁路电缆以及旁路电缆连接等步骤	1）设置围栏和警示标志，沿作业路径铺设电缆槽盒	
		2）利用旁路作业车采用人力牵引方式展放电缆时，应在工作负责人指挥下有序进行；应由多名作业人员配合使旁路电缆离开地面整体敷设在槽盒内，防止旁路电缆与地面摩擦，防止电缆出现扭曲和死弯现象，在跨越道路处安放过街电缆保护装置	
		3）采用快速插拔直通接头连接旁路电缆并进行分段绑扎固定。一段电缆展放完毕后应暂停牵引，安装好快速插拔直通接头并接上另一段电缆后方可继续牵引。连接旁路作业设备前，应对各接口进行清洁和润滑：用清洁纸或清洁布、无水酒精或其他清洁剂清洁；确认绝缘表面无污物、灰尘、水分，无损伤，在插拔界面均匀涂抹绝缘硅脂	
		4）旁路电缆展放完毕，对旁路电缆展放情况进行全面检查，确认电缆展放到位，相色标记正确、连接可靠，盖上保护盒盒盖，展放旁路电缆工作结束	
	（2）安装旁路负荷开关和余缆支架，并将旁路电缆、旁路引下电缆和旁路负荷开关可靠接续，检测旁路电缆系统绝缘电阻并放电	1）获得工作负责人许可后，斗内电工在地面电工的配合下，在电杆（"10kV黄河I回8号杆"）上安装旁路负荷开关和余缆支架，确认负荷开关处于"分"闸状态，并将开关外壳可靠接地	
		2）将旁路电缆在余缆支架上固定，按相色标记将旁路电缆与旁路负荷开关同相位可靠连接，确认相色标记正确、连接无误	

序号	内容	要　　　求	√
7	（2）安装旁路负荷开关和余缆支架，并将旁路电缆、旁路引下电缆和旁路负荷开关可靠接续，检测旁路电缆系统绝缘电阻并放电	3）将旁路引下电缆在余缆支架上可靠支撑后，同样按其相色标记与旁路负荷开关同相位可靠连接，确认相色标记正确、各部位连接无误	
		4）斗内电工合上旁路负荷开关，与地面人员配合检测整套旁路电缆设备的绝缘电阻应不小于500MΩ，并用放电棒进行充分放电	
		5）断开旁路负荷开关并确认	
	（3）倒闸操作，旁路电缆投入运行，供电环网柜由进线电缆供电改临时取电回路供电，完成取电工作	1）确认供电环网柜（"10kV 培东环 3 号环网柜"）进线间隔（备用间隔）设施完好，且处于断开位置	
		2）对供电环网柜进线间隔进行验电，确认无电后，将（螺栓式）旁路电缆终端按照原相位接入到供电环网柜进线间隔上，并将旁路电缆的屏蔽层可靠接地	
		3）设置绝缘遮蔽措施，将旁路引下电缆与架空线路可靠连接。获得工作负责人许可后，斗内电工对安装旁路引下电缆作业中可能触及的带电导线等进行绝缘遮蔽，若是绝缘导线，剥除导线的绝缘层和清除导线氧化层后，按照先中间相、后两边相的顺序依次将余缆支架上的旁路引下电缆按照相色标记与架空线路可靠连接。接入前应再次确认负荷开关处于"分"闸状态、电缆相色标记和导线的连接相序是否正确	
		4）倒闸操作，合上旁路负荷开关并锁死保险环，将旁路电缆回路由检修改运行，旁路电缆投入运行	
		5）倒闸操作，合上供电环网柜进线间隔开关，将供电环网柜进线间隔开关由检修改运行，完成取电工作	
		6）检查临时取电回路负荷情况（旁路电缆回路投入运行后，应每隔 0.5h 检测 1 次回路的负载电流，监视其运行情况）	
	（4）倒闸操作，旁路电缆退出运行，供电环网柜由临时取电回路恢复至由进线电缆供电	1）倒闸操作，断开供电环网柜进线间隔开关，将供电环网柜进线间隔开关由运行改检修	
		2）倒闸操作，断开旁路负荷开关并锁死保险环，将旁路电缆回路由运行改检修，旁路电缆退出运行	

序号	内容	要　　求	√
7	（5）工作结束，拆除整套旁路电缆设备	1）斗内电工确认旁路开关断开后，按照先两边相、后中间相的顺序依次拆除高压旁路引下电缆终端与架空导线的连接	
		2）合上旁路负荷开关对旁路电缆充分放电后，拆除供电环网柜进线间隔的旁路电缆终端	
		3）斗内电工拆除旁路电缆与旁路负荷连接的终端接头，与地面电工配合拆除旁路负荷开关和余缆支架	
		4）斗内电工拆除绝缘遮蔽措施，退出带电作业工作区域，返回地面	
		5）在工作负责人的统一指挥下将旁路电缆收回，拆除旁路电缆敷设装置，工作结束	
8	项目2：从架空线路临时取电给移动箱变供电	从架空线路临时取电给移动箱变供电作业，取电作业步骤如下	
	（1）采用地面平铺式展放高（低）压旁路电缆，并与旁路负荷开关和移动箱变车可靠连接	1）采用地面平铺式展放高压旁路电缆和低压旁路电缆并接续好	
		2）在工作区域电杆（"10kV黄河Ⅰ回8号杆"）合适位置安装好旁路负荷开关，确认负荷开关处于"分"闸状态，并将开关外壳可靠接地	
		3）将高压旁路电缆按其相色标记与旁路负荷开关同相位可靠连接	
		4）将高压旁路引下电缆按同样方法与旁路负荷开关同相位可靠连接，确认相色标记正确连接无误	
		5）合上旁路负荷开关，检测整套旁路电缆设备的绝缘电阻应不小于500MΩ，并用放电棒进行充分放电	
		6）断开旁路负荷开关并确认开关处于"分"闸状态	
		7）确认移动箱变车的低压柜开关处于断开位置，高压柜开关在热备用状态，包括高压柜的进线开关、出线开关以及变压器开关均处于断开位置	
		8）将高压旁路电缆按其相色标记与移动箱变车同相位的高压输入端快速插拔接口可靠连接，确认相色标记正确、各部位连接无误	
		9）将低压旁路电缆按其相色标记与移动箱变车同相位的低压输出端（快速插拔接口）可靠连接，确认相色标记正确、各部位连接无误	

序号	内容	要　　　求	√
8	（2）将高压旁路引下电缆与架空线路可靠连接，低压旁路电缆按原相序接至低压线路（用户）	1）斗内电工对安装旁路引下电缆作业中可能触及的带电导线等进行绝缘遮蔽，若是绝缘导线，剥除导线的绝缘层和清除导线氧化层后，并确认负荷开关处于"分"闸状态下	
		2）按照先中间相、后两边相的顺序依次将高压旁路引下电缆按照相色标记与高压架空线路可靠连接，相序应一致	
		3）用带电作业方法按照先接入中性线再接入相线的顺序，将低压旁路电缆与已停电的低压架空线路（用户）可靠连接，相序应一致	
	（3）倒闸操作，将移动箱变高压负荷开关由检修改运行，移动箱变车投入运行，完成取电工作	1）操作人员确认待取电的低压线路（用户）与原电源侧断开	
		2）操作人员依次合上旁路负荷开关，移动箱变车的高压进线开关、变压器开关、低压开关，移动箱变车投入运行，测量高低压电流，确认工作正常	
	（4）倒闸操作，将移动箱变高压负荷开关由运行改检修，移动箱变车退出运行，工作结束，拆除旁路系统	1）操作人员断开移动箱变车的低压开关、高压开关，断开旁路负荷开关，移动箱变车退出运行	
		2）断开高压旁路引下电缆，合上旁路负荷开关对旁路电缆充分放电后，断开高压旁路电缆与移动箱变车的连接，断开低压旁路电缆与架空线路的连接与放电	
		3）在工作负责人的统一指挥下将旁路电缆收回，工作结束	

5.4.3　作业后的终结阶段

序号	内容	要　　　求	√
1	清理工具及现场	清点与整理工具、材料，清理现场做到工完料尽场地清	
2	召开现场收工会	工作总结与点评，宣布工作结束	
3	工作终结	工作负责人向值班调控人员联系工作结束，办理工作终结	
4	作业人员撤离现场	本项工作结束	

参 考 文 献

[1] 国网河南省电力公司配电带电作业实训基地. 10kV 电缆线路不停电作业培训读本 [M]. 北京：中国电力出版社，2014.

[2] 国网河南省电力公司配电带电作业实训基地. 配网不停电作业资质培训题库 [M]. 北京：中国电力出版社，2014.

[3] 国家电网公司运运维检修部. 10kV 电缆线路不停电作业培训教材 [M]. 北京：中国电力出版社，2013.

[4] 李天友，林秋金，陈庚煌. 配电不停电作业技术 [M]. 北京：中国电力出版社，2013.

[5] 河南省电力公司配电带电作业培训基地. 配电线路带电作业知识读本 [M]. 北京：中国电力出版社，2012.

[6] 河南省电力公司配电带电作业培训基地. 配电线路带电作业标准化作业指导 [M]. 北京：中国电力出版社，2012.

[7] 国家电网公司. 带电作业操作方法 第 2 分册 配电线路 [M]. 北京：中国电力出版社，2011.

[8] 应伟国. 10kV 带电作业典型操作详解 [M]. 北京：中国电力出版社，2011.

[9] 国家电网公司人力资源部. 配电线路带电作业 [M]. 北京：中国电力出版社，2010.

[10] 国家电网公司人力资源部. 带电作业基础知识 [M]. 北京：中国电力出版社，2010.

[11] 史兴华. 配电线路带电作业技术与管理 [M]. 北京：中国电力出版社，2010.

[12] 国家电网公司. 10kV 架空配电线路带电作业管理规范 [M]. 北京：中国电力出版社，2010.

[13] 国家电网公司人力资源部. 配电线路检修 [M]. 北京：中国电力出版社，2010.

[14] 国家电网公司人力资源部. 配电线路运行 [M]. 北京：中国电力出版社，2010.

[15] 国网河南省电力公司. 配电线路带电作业岗位培训题库 [M]. 北京：中国电力出版社，2010.

[16] 易辉. 带电作业技术标准体系及标准解读 [M]. 北京：中国电力出版社，2009.

[17] 国家电网公司人力资源部. 国家电网公司生产技能人员职业能力培训规范 第 8 部分：配电线路带电作业 [M]. 北京：中国电力出版社，2009.

[18] 河南电力技师学院. 配电线路工 [M]. 北京：中国电力出版社，2008.

[19] 河南电力技师学院. 高压线路带电作业工 [M]. 北京：中国电力出版社，2008.

[20] 胡毅. 配电线路带电作业技术 [M]. 北京：中国电力出版社，2004.